edition suhrkamp

Redaktion: Günther Busch

Franz Xaver Kroetz wurde 1946 in München geboren. Dort besuchte er auch die Schauspielschule, später dann das Max-Reinhardt-Seminar in Wien. Seit 1967 kleinere Engagements an Kellertheatern (unter anderem auch an Fassbinders antiteater). Beginnt Stücke zu schreiben, arbeitet in den verschiedensten Berufen (vom Irrenwärter bis zum Bananenschneider). 1970 erhielt Kroetz zusammen mit Alf Poss das Suhrkamp-Dramatikerstipendium. Veröffentlichung: *Heimarbeit. Hartnäckig. Männersache.* Drei Stücke (es 473).
Spätestens seit dem Tag, an dem *Heimarbeit* und *Hartnäckig* im Frühjahr 1971 an den Münchner Kammerspielen uraufgeführt wurden, ist klar, daß Franz Xaver Kroetz eine der wichtigsten Entdekkungen des gegenwärtigen deutschsprachigen Theaters ist. Die Stücke, die ihn bekannt machten, sind verhältnismäßig leicht lokalisierbar: bayerisches Kleinbauern- und Proletariermilieu.
Kroetz ist nicht der Erste, der hier ansetzt. Trotzdem sind die Kroetz-Stücke unverwechselbar präzise, naiv, hart. Daß Kroetz Erfolg hat, sollte nicht darüber hinwegtäuschen, daß seine Stücke provokativ geblieben sind. Kroetz analysiert nicht, aber er intensiviert die beschriebene Situation so, daß die Analyse sich aufdrängt.

Franz Xaver Kroetz
Stallerhof. Geisterbahn
Lieber Fritz. Wunschkonzert
Vier Stücke

Suhrkamp Verlag

edition suhrkamp 586
2. Auflage, 8.–13. Tausend 1973
 Satz, in Linotype Garamond, Druck und Bindung bei Georg Wagner, Nördlingen. Gesamtausstattung Willy Fleckhaus.

Inhalt

Stallerhof 7
Geisterbahn 33
Lieber Fritz 63
Wunschkonzert 97

Stallerhof

Stück in drei Akten

Personen

Staller
Stallerin
Beppi
Sepp
Ein Hund

Zum Bühnenbild
Äußerst sparsam. Nur Versatzstücke. Simultanbühnenbild für je einen Akt.
Arbeitslicht. Dunkel bzw. Lichtveränderungen nur am Ende eines Aktes.

Anmerkung für die Regie
Da es sehr wichtig für das Stück ist, daß ein Hund mitspielt, wurde so verfahren: Im 1. Akt, 6. Szene, ist der Hund mit Sepp allein auf der Bühne. Ansonsten ist es zwar wünschenswert, daß er manchmal dabei ist, aber nicht unbedingt notwendig. Da das Verhalten des Hundes nicht weiter einplanbar ist für den Dialog, muß die Regie hier je nach Gegebenheit verfahren.

Zum Dialekt
Der Dialekt ist der bayrische. Im außersüddeutschen Raum ist vor allem der Duktus und die Grammatik der bayrischen Sprache reproduzierbar. Die Sprache selbst muß dort als künstliche aufgefaßt werden.

Zu den Pausen
Transparent und übersetzbar wird das Stück, das im Bauernmilieu spielt, dadurch, daß vor allem die Pausen genau eingehalten werden.

Pause nach dem 2. Akt

1. Akt

1. Szene

In der Stube. Stallerin beim Kochen. Beppi mit einer Ansichtskarte. Geschirr.

STALLERIN Von der Taufpatin, aus München. Lies.

BEPPI Tante Hilda.

STALLERIN Gschriebn hats dir, weils an dich denkt.

BEPPI Wo is?

STALLERIN Frag net und lies.

BEPPI *liest*: Mei-ne liebe Beppi! *Lächelt.* Bal-d kommen mir –

STALLERIN *wischt ihr eine:* Wie heißt das?

BEPPI *liest:* Bald kommen – ww – wir dich besu-chen. *Lächelt* . . . wenn mir

STALLERIN *wie oben:* Schon wieder. Die Augn sollst aufmachn.

BEPPI – wir – *Zögert.*

STALLERIN Was is das für ein Buchstab? *Macht ihn groß in der Luft vor.*

BEPPI Zzz.

STALLERIN Also.

BEPPI . . . wenn mir – wir – Z-eit – haben. *Kurze Pause, dann rasch.* Deine Patin Tante Hilda.

STALLERIN Genau. Jetzt weißt es. *Wendet sich wieder der Arbeit zu.*

BEPPI *schaut die Vorderseite der Ansichtskarte an, lange. Dreht die Karte um, liest wieder, langsam, fehlerfrei:* Liebe Beppi! Bald kommen wir dich besuchen, wenn wir Zeit haben. Deine Patin Tante Hilda!

STALLERIN Abtrocknen sollst.

2. Szene

Beppi und Sepp im Stall bei der Arbeit. Sie misten aus. Beppi kann melken.

SEPP Und dann hams den Hauptmann empfangen und gsagt *Pause*, er soll sich eine aussuchn. *Pause.* Und dann hat er net wolln. – Und dann hat ihm der befreundete Indianer gsagt, der wo die Sprache von die Indianer verstandn hat *Pause*, wenn er sich keine aussucht, dann is das eine Beleidigung für den Häuptling und dann is er ins Lager von denen mit *Pause* und nachad hams ihm alle zeigt. Da hat ihm keine gfalln von denen *Pause*, weil die halt alle so komische Gsichter ghabt ham, und nachad hat er zum Schluß eine gsehn, die hat ihm schon gfalln. – Aber nachad hat ihm der Häuptling von die Indianer sagn lassn *Pause*, daß das eine is, die ausgestoßn vom Stamm is und daß die keiner berührn darf, weil er sonst krank wird. *Pause.* Dann hat er aber gsagt: die oder keine und is einfach hingangen und hats umarmt. *Pause.* Nachad san die Indianer alle auseinanderglaufen und ham gsagt, daß er jetzt gleich sterbn muß, weil er sie berührt hat. *Lange Pause.* Das war aber alles ein Schmarrn, ein Aberglaube halt, und dann is er natürlich net gstorbn, sondern hats nachad gheirat *Pause*, und wie die Hochzeitsnacht um war und alle zwei noch glebt ham, hams die Indianer eingsehn *Pause*, des heißt, sie ham gmeint, daß er, der »weiße Mann« – überirdische Kräfte hat und daß er den bösn Zauber zerstört hat. *Pause.* Nachad sinds alle kommen und ham wolln, daß er der Medizinmann wird. Weil er aber in Wirklichkeit ein Doktor war, war er jetzt der erste Weiße, zu dem die Indianer ein Vertraun ghabt ham und sich kuriern ham lassn. Und dann hat ihm die Frau, die er gheirat hat, gsagt *Pause*, daß der Stamm einen Racheplan schmiedet als Vergeltung für den Angriff von die Weißn *Pause* und nachad hat er mit denen gredet, und dann hams ihn zum Gesandtn ernannt, und nachad hat er einen Waffenstillstand ausgmacht. So wars.

Pause.

BEPPI Und dann!

3. Szene

Sepp sitzt auf dem Abort beim Scheißen. Dabei onaniert er.

4. Szene

In der Stube. Abend. Sepp und Staller am Tisch. Stallerin kocht. Beppi spielt mit Holzscheiten.

SEPP Kein Glück hab ich ebn ghabt im Lebn, das is es. Wenn einer kein Glück hat, kann er nix machn.

Pause.

STALLER Jeder is seines Glückes Schmied, heißt es.

SEPP Net jeder.

STALLER Ausredn.

STALLERIN Wenn er es sagt, wirds scho so sein.

SEPP Genau, das weri schon wissn. – In 6 Jahr geh ich in die Rente, dann sind die Sorgn vorbei. Wenn ich ein Glück hab, geh ich früher.

STALLER Wenn ich an deiner Stell wär, tät ich mich für fest einstelln lassn.

STALLERIN Wo er sagt, daß es net leicht is.

Pause.

STALLER Mir ham ein Wirtschaftswunder.

STALLERIN Trotzdem.

STALLER Wer arbeitn will, findt auch eine Arbeit. Wenn die Ernt vorbei is, geht er zum Stempeln, bis wieder was für ihn ham. Das is es.

SEPP Was Fests zum Findn is nicht leicht für mich, sagt der am Arbeitsamt, weil ich nimmer jung bin. Das is es.

STALLER Wie bei die Zigeuner.

SEPP Früher war ich eh fest.

Pause.

Oder wenn ich in der Stadt wär, das wär auch besser. Aber in der Stadt bin ich nicht.

STALLER Trotzdem.

SEPP Früher war ich auf eim Hof, der war zehn Mal so groß wie der deine, wo ich war. Ein Besitz.

STALLER Dann war es ein Gut.

SEPP Genau.

Pause.

STALLER Und warum bist nachad weg?

SEPP Weil ich in die Stadt hab wolln.

STALLER Münchn.

SEPP *nickt.*

STALLER Und warum bist nachad jetzt da?

SEPP Mei, das is schwer zum Sagn.

STALLERIN *zu Beppi:* Verzerr net die Scheitln, sind zum Nachschürn da.

Pause.

STALLER Ausm Alter für Puppn is heraußn.

STALLERIN Eine Schand is es.

SEPP Mei, wenns ebn spieln will.

STALLERIN Hat nix mehr zum Spieln, soll was Vernünftigs machn.

STALLER Zruckbliebn is.

STALLERIN Zruckbliebn bist, hörst es, was der Papa sagt. Machst uns keine Freud.

STALLER Andere in dem Alter gehn in dem Alter schon in die Handelsschule.

STALLERIN Wie ich in dem Alter war, war ich auf der Alm.

SEPP Des war früher.

STALLERIN Allein auf der Alm. Am Tag hab ich arbeitn

müssn, und in der Nacht hab ich mich gfürchtet. Einmal wär ich beinah runtergangen, aber dann hab ich mich doch net traut.

STALLER Da hörst es.

STALLERIN Her jetzt mit die Scheitln, muß nachheizn. *Nimmt die Scheite Beppi weg, heizt sie ein.*

BEPPI Net Puppn einschürn.

STALLERIN Deck den Tisch, gibt gleich Essn.

Pause.

SEPP Wenn eins nix sieht, das is schlimm.

STALLERIN Sieht eh, wos eine Brilln hat.

STALLER Die vierte, weil das nix kost.

STALLERIN Tät alles habn, wenns net zruckbliebn wär.

SEPP Ich seh noch ohne Brilln. Und Zeitunglesn.

STALLER Bei uns hat auch keiner schlechte Augn, bloß sie. *Pause. Sie fangen an zu essen.*

BEPPI Jahrmarkt is.

STALLERIN Iß und tu net batzn.

5. *Szene*

Abend beim Stall. Sepp und Beppi beobachten spielende Katzen.

SEPP Bei der Nacht sind alle Katzn grau. *Lange Pause.* Siehst sie, die zwei?

Beppi nickt.

SEPP Welche is dann die eine und welche die andere?

Beppi schaut.

Sepp lächelt.

Pause.

SEPP Die Linke is die Rote und die Rechte is die andere.

Beppi nickt.

SEPP Siehst eh. *Pause.* Jeder sieht, was ihm der Herrgott zum Sehn gibt. *Pause.* Jetzt raufn sie, siehst?

Beppi nickt.

SEPP Siehst eh alles.

Pause.

BEPPI Jetzt nimma.

SEPP Aus is. Jetzt gehts los. Jetzt geht er sie an, siehst. *Pause.* Schaug. – Wenns sie laßt, is sie selba schuld, das Katerle is erst ein Jahrl, oder?

Beppi nickt.

Pause.

SEPP Was jung is, is begehrt. – Ich kann sie net leidn, die Jungen. *Er lacht.*

Pause.

6. Szene

Abend. Sepp in seiner Kammer mit seinem Hund, der frißt.

SEPP *schaut ihm zu:* Jetzt tu halt essn. *Pause.* Magst net? *Pause.* Was anders hab ich net. *Pause.* Und wenn ich es hätt, tätst es net kriegn. Weil man es sich net aussuchn kann. *Pause.* Wennst es net frißt, kriegts die Katz. Dann wirst schaun, wennst ein Hunger hast. Was man ihm hinstellt, tut ein braver Hund essn, oder weißt des net. *Pause.* Heikl is er, das is es.

2. Akt

1. Szene

Ein ländlicher, sehr kleiner Rummelplatz. Nach Mittag, tote Zeit. Beppi und Sepp. Beppi total fasziniert. Sepp etwas angetrunken.

SEPP Hast ein Wunsch?

Beppi reagiert nicht.

SEPP Magst Ringlspiel fahrn? *Es ist eine Geisterbahn.* Hast Angst? Schau, die Gangerlen.

Beppi ängstlich, fasziniert.

SEPP Fahrn mir. *Er nimmt sie an der Hand, zur Kasse.* Ein Erwachsener und a Kind. *Sie fahren mit der Geisterbahn. Kommen zurück.*

Beppi verstört.

SEPP Schön is gwesn, gell?

Beppi unsicher.

SEPP Was is?

Beppi geht steif.

SEPP Hast was weh?

Beppi verneint.

SEPP Hast dich angmacht? – Angmacht, geh mit. – Hast eine Angst ghabt?

Beppi ganz verwirrt.

SEPP Oder der Likör. Komm, bringen mir in Ordnung. *Sie gehen hinter ein Zelt.* Putz dich ab mit die Blattln.

Beppi tut es, Durchfall rinnt an ihren Beinen hinunter.

SEPP Sauber. Hosnscheißer. – Laß mich. *Putzt sie ab.* Zieh die Unterhosn aus, so kannst net weiter.

Beppi tut es.

SEPP Putz dich ab damit. – Laß mich. *Er putzt sie ab, nimmt sein Taschentuch, putzt sie damit ab.* Geht schon wieder. Geh her. *Nimmt sie, entjungfert sie.*

2. Szene

In Sepps Kammer. Sepp und Beppi.

SEPP *gibt Beppi einen Geldbeutel:* Da, das is dir mitbracht wordn, aus der Stadt.

Beppi schaut.

SEPP Wennst ihm nicht magst, brauchst es nur sagn, dann nimm ich ihm wieder mit.

BEPPI Nein.

SEPP Also nachad. – Sagt man »dankschön« oder nicht.

BEPPI Dankschön.

SEPP Damitst siehst, daß man an deiner denkt. *Schaut den Geldbeutel selber an.* Der war nicht billig, das kannst glaubn. Echt Leder. *Tut ihr 1 Mark hinein.* Da, damit ein Anfang gmacht ist.

Beppi nimmt den Geldbeutel.

SEPP Wenn einmal eine Zeit is, wost ein Geld hast, kannst es nicht verliern.

Beppi lächelt.

3. Szene

Ein Gasthaus mit Garten. Sepp und Beppi kommen mit einem Moped an. Beppi auf dem Sozius. Steigen ab, gehen in den Wirtsgarten, etc.

SEPP *beim Absteigen:* Zu schnell gwesn?

Beppi verneint.

SEPP Heimwärts langsamer?

BEPPI Na. *Pause.* Ich fahr schon mit. *Gehen in den Wirtsgarten. Sitzen an einem Tisch.*

SEPP Essn tun mir nix, das is zu teuer.

Beppi nickt.

SEPP Oder magst ein Würstl?

Beppi verneint.

Pause.

SEPP Schön is da, gell.

Beppi nickt.

SEPP Gfallts dir?

BEPPI Ja.

Pause.

SEPP Ein Würschtl kannst essn, wennst es magst.

BEPPI Ein Kracherle.

SEPP Hast kein Hunger?

BEPPI Nein, ein Kracherle.

SEPP *schaut sich um, niemand kommt:* Ich trink ein Bier. – Ich werd einigehn, da kommt niemand.

Beppi nickt.

Sepp ins Innere des Hauses.

Beppi unsicher, schaut umher. Richtet sich dann das Kleid, Halsschleife, zieht sich die Kniestrümpfe hoch, etc. Legt dann, ineinander, die Hände auf den Tisch.

SEPP *kommt zurück:* Gleich kimmts. *Setzt sich. Lange Pause.* In fünf Jahr, wenn ich Glück hab, geh ich – in die Rente. *Pause.* Dann bin ich ein freier Mann. Kann mir keiner mehr dreinredn, in nix. *Große Pause.* Dann geh ich in die Stadt, und da nimm ich eine Wohnung. Nachad kannst kommen, wennst magst. *Pause.* Die Wohnung is in der Stadt.

BEPPI Münchn.

SEPP Genau. In Münchn. Am Rand, weils da billiger is. *Pause.* In der Stadt hat man die meistn Möglichkeitn. Da suchns Leut. Überall. Die schaun gar net, wer das is, die sind froh, wenns überhaupt wen findn. *Pause.* Jetz bist eh noch zu jung. Aber in ein paar Jahr, da is grad recht. *Pause.* Wirst schon sehn, was ich dir heut sag. Die Zeit vergeht schneller als man denkt. Man dreht sich um und ein Jahr is vorbei.

Beppi schaut.

4. Szene

In einem Schuppen. Sepp und Beppi beisammen, nach einem Geschlechtsverkehr.

SEPP Das Wehtun is keine Absicht, bloß unvermeidlich.

Beppi verneint.

SEPP Genau.

BEPPI Warum.

SEPP Weil des so is, das verstehst net.

Pause.

BEPPI Was du nicht willst, daß man dir tut, das füg auch keinem andern zu.

Sepp schweigt. Pause. Des is was anders. *Pause.* Was suchst.

BEPPI Brilln.

SEPP Findst es nimmer.

Beppi nickt.

SEPP Wost sie hinglegt hast, is.

BEPPI Wo?

SEPP Ich siehs.

Beppi schaut.

SEPP In der Näh.

BEPPI Wo?

SEPP Mußt »bittschön« sagn.

BEPPI Bittschön.

SEPP »Kalt-warm.«

BEPPI *lächelt:* Spieln.

SEPP Kalt. Kalt. Kalt. Wärmer. Kalt. Wärmer. Warm. Ganz warm. Heiß, daß dich verbrennst.

BEPPI Wo?

SEPP Ganz heiß. – Mit der Brilln bist net schön.

BEPPI Sehn.

SEPP Brauchst jetzt nix sehn.

BEPPI Rot.

SEPP Is normal. Tut nix. Hört wieder auf, wirst es sehn, wie ich sag.

BEPPI Wann?

SEPP Wenns vorbei is. *Pause.* Morgn.

Beppi nickt.

SEPP *unsicher. Pause.* Jetzt geh ich wieder aussi, daß net auffallt, daß ich weg bin.

BEPPI Dableibn.

SEPP Du kannst noch ein bißl dableibn, wennst magst, ich paß auf. Dann kommst auch. *Steht auf, geht.*

BEPPI Brilln. *Sucht sie.*

5. Szene

In der Stube. Stallerin und Beppi. Beppi schön gekleidet.

STALLERIN Laß anschaun.

Beppi tut es.

STALLERIN Jawohl. Schön bist. Jetzt brauchst bloß noch die Bindn, dann kannst losmarschiern.

Beppi nickt.

STALLERIN *macht ihr eine schöne Zopfbinde:* Jetzt geh. Und nach der Beicht kommst gleich heim, Marmelad machn helfn.

BEPPI Ja.

STALLERIN Jetzt schaug, daß du weiterkommst.

BEPPI Pfüt Gott.

STALLERIN Wirst net ewig aus sein.

Beppi ab.

Stallerin macht Vorbereitungen zur Marmelade.

6. Szene

Auf dem Feldboden. Beppi und Sepp.

BEPPI Beichtn schon.

SEPP Freilich. Aber net mit wem, sagst.

BEPPI Ich hab Unkeuschheit getrieben.

SEPP Genau. Das langt. Geht niemand was an, bloß uns. Und ausfragn lassn mir sich nicht.

Pause.

SEPP Jetzt gehts.

BEPPI Später.

SEPP Magst net? Strengst dich an, mit ein bißl eim gutn Willn gehts.

BEPPI Etwas erzähln.

SEPP Nachher erzähl ich dir eine Gschicht, wennst mir brav bist.

Beppi macht sich frei.

SEPP Is eh gleich vorbei. Kaum daß du es merkst, is es vorbei.

Pause.

BEPPI Is schon beicht wordn.

Pause.

SEPP Und was hat der Pfarrer gsagt?

BEPPI 6 Vaterunser, 2 Ave Maria.

SEPP Hast es alles beicht?

BEPPI *nickt:* Sonst eine Todsünd.

SEPP Genau. Wie hast es gsagt?

BEPPI Erstes Gebot: Du sollst den Herrn, deinen Gott lieben und ehren. Zweites Gebot: Du sollst Vater und Mutter lieben und ehren. Ich habe Vater und Mutter Ärger gemacht. Drittes Gebot: Sonn- und Feiertage. Viertes Gebot: Ich habe nicht geflucht, nie. Fünftes Gebot. Sechstes Gebot: Daß ich Unkeuschheit getrieben habe.

SEPP Wie hast es gsagt?

BEPPIE Sechstes Gebot: Ich habe Unkeuschheit getrieben.

SEPP Sonst nix?

BEPPI Daß ich gelogen habe.

SEPP Hat der Pfarrer was gfragt?

BEPPI Nix.

SEPP Buße?

BEPPI 6 Vaterunser, 2 Ave Maria.

SEPP Hast es bet?
BEPPI 10 Vaterunser. 3 Ave Maria.
SEPP Bist fleißig.
Beppi lächelt.
SEPP Hast es gut gmacht. *Er streichelt sie.*
Beppi lächelt.
SEPP Jetzt is alles verziehn und vorbei. Wirst es sehn.
Beppi nickt.
Sepp beginnt den Koitus.
Beppi läßt es ohne Abscheu geschehn.
SEPP Bist brav.
Pause.
Beppi stößt einige Laute aus, sie hat einen Orgasmus.
SEPP Still sein, daß nermd etwas hört. Hörst net?
Beppi hört nicht.
SEPP *unsicher, hört auf:* Hab ich dir weh tan, des hab ich net wolln. – Sei still, nachad erzähl ich dir eine Gschicht.
Pause.
SEPP Eine schöne!

7. Szene

Staller und Sepp in Sepps Kammer.
Pause.
STALLER Das kost dich zehn Jahr und mich die Ehr.
SEPP Aber net wegn der Absicht.
STALLER Weil das etwas nutzt.
Lange Pause.
STALLER Die Red bleibt eim weg.
Pause.
STALLER Vertrauen hat man ghabt in ihn.
SEPP Dann is ebn so.
STALLER Ein Viertljahr.
SEPP Die Tag sind net zählt wordn.
Pause.

STALLER Magst ein Geheimnis hörn: schwanger is.

SEPP Warum.

STALLER Ebn.

SEPP Nix wahr is. Alles glogn.

STALLER Mir ham Beweise.

SEPP Des geht net.

STALLER Genau.

SEPP Nix is.

STALLER Ein Test wird da gmacht. Zehn Mark kost der.

SEPP Warum?

STALLER Aus dem Bieselwasser wird der gmacht.

SEPP Von wem?

STALLER Von ihrer.

SEPP Beim Doktor?

STALLER Beim Doktor, was der weiß! In der Apothekn. Mit einem Frosch geht das. Da wird dem Frosch das Bieslwasser eingespritzt und dann verfärbt er sich. Das is es.

SEPP Das hab ich nicht gwußt.

STALLER Jetzt weißt es. Wenn er sich verfärbt, is schwanger.

SEPP Hat er sich verfärbt.

STALLER Genau. Die Schwangerschaft is bewiesn.

Pause.

SEPP Aber es war net Absicht.

STALLER Weilst eine Sau bist. Da führt kein Weg hin.

SEPP Genau.

STALLER Dem Pfarrer sagn mir es auch. Alle sagn mir es.

SEPP Ich geh weg.

STALLER Wo gehst hin?

SEPP In die Stadt.

Pause.

STALLER Wenn man das gwußt hätt, hätt man dich gar net eingstellt.

SEPP Geh eh.

STALLER Dableibst noch. Eine Strafe muß sein, wirst es schon sehn.

SEPP Was?

STALLER Wirst es schon erwartn können.

Pause.

STALLER Du wirst die größte Sau sein, die ich kenn.

Pause.

STALLER Ein minderjährigs Kind, wo zruckbliebn is. Die Red bleibt eim weg.

SEPP Habs net wolln. Das schwör ich.

STALLER Hast keine andere findn können? Im Haus, wo man arbeit, gibts nix, und noch dazu, wos ein Kind is.

SEPP Allerweil net traut hab ich mich, nirgends.

STALLER Warum?

SEPP Des sag ich nicht.

8. Szene.

Im Stall. Junge Katzen in einer Ecke. Sepp und Beppi.

SEPP Der Wurf is schön, aber eins kann nur bleibn.

Beppi schaut die Tiere an.

SEPP Wie halt kleine Katzn sind. Derfst dir eins aussuchn. – Wost mich verratn hast, wirst schon sehn, wasd davon hast.

Beppi schaut.

SEPP Welches willst nachad?

BEPPI Nix.

SEPP Sind alle gleich. Ein erwischts.

BEPPI Ene, mene, mize, magst ein Dieze, ene, mene, matz, er ist ein edler, treuer Schatz. Des da.

SEPP Wiest es willst. Alles wissns, Papa und Mama.

Beppi schaut.

SEPP Verratn.

BEPPI Nix. Mama hats gwußt.

SEPP Hast es gsagt?

Beppi verneint.

SEPP Glaub dirs eh.

9. Szene

Auf dem Hof. Sepp und Staller.

STALLER Was schaust? Gibts keine Arbeit mehr?

SEPP Der Hund.

STALLER Auf meim Hof is dein Hund net.

SEPP Wo sonst, nachad?

STALLER Irgendwo wird er schon sein.

SEPP Schaun wird man dürfn.

STALLER Du hast nix mehr zum Schaun auf meim Hof.

SEPP Genau.

STALLER Weißt es eh.

Pause.

SEPP Ich such bloß mein Hund.

STALLER Dann suchst ihn. »Wer suchet, der findet.«

SEPP Genau.

STALLER Dagwesn is er.

SEPP Wo is er gwesn?

STALLER Bei der Scheun is er gwesn.

SEPP Warum?

STALLER Frag ihn doch selber. Was geht mich ein Hund an, wo nicht meiner is.

SEPP Streunern tut er halt.

STALLER Wirst ihn schon findn.

Pause.

STALLER Und wenn ich dich noch einmal find auf mein Hof, nachad, dann schieß ich dich nieder, daß du es weißt.

SEPP Hast ja kein Gwehr.

STALLER Des wirst du wissn.

Pause.

SEPP Ich such bloß mein Hund.

STALLER Ebn.

SEPP *an der Scheune:* Da is er. Nelly! Nelly geh her. *Pfeift.* Fuß! Hörst net, brauchst eine zündt?

Der Hund ist tot.

STALLER Hast ihn gfundn?
SEPP Da is er.
STALLER Dann schauts, daß weiter kommts, ihr zwei.
SEPP Mörder.
STALLER Ratzngift wird er erwischt ham, in der Scheun wars ausglegt.
SEPP *nimmt den toten Hund auf:* Gehn mir heim. *Geht mit dem Hund weg.*
STALLER Aus is.

10. Szene

In der Kammer von Sepp. Sepp beim Packen eines kleinen Koffers. Beppi.
SEPP Mußt net einischaun, das is nix für dich.
BEPPI Doch.
SEPP Da is er drin.
BEPPI Weiß eh. *Schaut in die Tasche.*
SEPP *hört auf zu packen:* Siehst ihn?
Beppi nickt.
SEPP Is er tot?
Beppi nickt.
SEPP Nix mehr zum Machn?
BEPPI *verneint:* Nix mehr.
SEPP *weint:* Geh nur wieder, brauch dich nimmer.
BEPPI *lächelt:* Schöner Hund. *Bejaht.*
SEPP Alles erledigt. Geh nur.
BEPPI *wackelt mit dem Kopf, ja und nein, steht auf, geht um den Tisch herum, schaut, unsicher, dann nimmt sie die hergerichteten Sachen und räumt weiter den Koffer ein.*
SEPP Was tust?
BEPPI Nix. *Läßt es wieder sein.*
Pause.
SEPP Is alles aus. Jetzt gehts um die Wurscht.

BEPPI Warum?

SEPP Aus is.

BEPPI Halt zu deiner, ich.

SEPP Weil mich das was nutzt.

Beppi nickt.

SEPP Hast kein Recht, bist nix, das is es.

Beppi nickt.

SEPP Jetz geh ich in die Stadt, meldn, was gwesn is.

BEPPI Dableibn.

SEPP Kommst allein durch, brauchst mich net.

BEPPI Doch.

SEPP Wo der Hund tot is, halt mich nix mehr.

BEPPI Tu recht schön bittn.

SEPP Nix.

Pause.

Sepp packt weiter ein.

BEPPI Kommt er wieder?

SEPP Wenn es Kind da is, schaug ich, obs etwas wordn is.

BEPPI Net gehn, dableibn.

SEPP Is nix mehr mit uns.

BEPPI Warum?

Pause.

SEPP Da is ein Schoklad kauft wordn für deiner.

Beppi nimmt sie, weint.

SEPP Brauchst net weinen.

BEPPI Brauchts net.

3. Akt

1. Szene

Kirchgang bei schlechtem Wetter. Staller und Stallerin. Beppi etwas voraus.

STALLER Ob man schon was sieht?

Pause.

STALLERIN Noch sieht man nix.

Große Pause.

STALLER Ich seh was.

STALLERIN Das bildst dir ein. Nix is zum Sehn.

Pause.

STALLER Da darf auch nie was zum Sehn sein.

STALLERIN Bestimmt net.

Große Pause.

STALLERIN Es wird gsagt, daß etwa Narrische den Tod net spürn wie mir.

STALLER Freilich, eine Fliegn merkt auch nix.

Pause.

STALLERIN Fünftens du sollst nicht töten.

STALLER Sechstens, du sollst nicht Unkeuschheit treiben. *Pause.* Das mach ich mit meim Herrgott allein aus.

Pause.

STALLERIN Es wird gsagt, ein Kind lebt im Bauch von der Mutter noch stundlang weiter.

STALLER Des net.

Große Pause.

STALLERIN Das tät ich jedenfalls mein Lebn lang nicht mehr vergessn. Das weiß ich.

STALLER Wenn man sich nimmer zum Helfn weiß, weils alles nix is, muß man ein Ausweg findn.

STALLERIN Ja.

Pause.

STALLERIN Selig die im Geiste Armen, denn ihrer ist das Himmelreich.

STALLER Das glaub ich net.

STALLERIN Auf was man für Gedankn kommt, net zum Ausdenkn.

STALLER Man redt ja bloß.

STALLERIN Aber mit offene Augn ins Verderbn rennen, das geht auch net.

STALLER Na.

STALLERIN Wenn man das überlegn tut.

STALLER Das weiß ich, meine Tochter, wo noch ein Kind is, das zruckbliebn is, hat net schwanger zu sein, von einem altn Taugenichts. Wie man da dastehn tät, vor die andern. Nein.

STALLERIN Warum ein Tunichtgut?

STALLER So sagt man ebn.

2. Szene

Tag in der Küche. An der Bank ist die Zentrifuge befestigt. Beppi dreht. Stallerin wischt naß den Boden.

STALLERIN Das wird kein Butter, sondern eine Soß!

Beppi dreht.

Große Pause.

STALLERIN Zumachn sollst.

BEPPI Schwer is.

STALLERIN Das is früher auch net schwer gangen. – Was man sich einbrockt hat, muß man auslöffeln.

3. Szene

Abend in der Stube. Staller am Tisch mit einer Zeitung. Stallerin. Beppi schreibt in ein Heft.

STALLER Was tust. *Zur Stallerin.*

Pause.

STALLER *zu Beppi:* Was is? *Zur Stallerin.* Ghört ins Bett.
STALLERIN Laß, Aufgabn machts.
STALLER Aufd Nacht.
BEPPI Schönschrift.
STALLERIN Brav is.

Pause.

STALLER *zur Stallerin:* Was tust?
STALLERIN Eine Laugn mach ich.
STALLER Wegn was?

Pause.

STALLERIN Wirst es schon sehn.

Pause.

STALLER Willst es tun?
STALLERIN A Red hat er. Sonst nix.

Pause.

STALLER Und wenn sies net tut?
STALLERIN Folgn muß.
STALLER Des nutzt nix.
STALLERIN Weißt was Besseres?

Beppi hört zu.

STALLERIN Mach deine Aufgabn und kümmer dich um nix, was dich nix angeht.

Pause.

STALLER Das tätn alle, wenn das etwas wär.
STALLERIN Weil es net üblich is.

Pause.

Staller liest weiter Zeitung.

STALLERIN So. *Pause. Zu Staller.* Geh aussi jetzt, das machn mir unter sich aus, brauchn keine Fenstergucker.
STALLER *steht auf:* Geh eh, wo es deine Sach is. *Geht ab.*
STALLERIN So, jetzt werdn mir es gleich habn.

Beppi schaut.

STALLERIN Geh her jetzt. Zieh die Unterhosn aus, leg dich da hin.
BEPPI Net.

STALLERIN Waschn müssn mir sich, damit der Dreck weggeht. Zieh die Unterhosn aus.

Beppi tut es.

STALLERIN Weilst soviel Sauerei gmacht hast, daß der Dreck außer geht, wo hineinkommen is dadurch. – Das zwickt ein bißl, aber das macht nix, das is die Seifn, wo alles wegwascht. Zieh den Rock nauf, und die Füß ausnander.

Beppi hat sich ganz nackt ausgezogen, steht da.

STALLERIN Frierst ja, Dummkopf.

Pause.

Stallerin nimmt vom Ofen den Putzlumpen, den Schrubber, macht sie in der Lauge naß, fängt an, die Dielen zu schrubben.

Pause.

STALLERIN Ja, kannst denn net hörn, was ich gsagt hab. Waschn sollst dich gehn, naus zur Wanne, und dann marsch ins Bett, morgn mußt wieder aufstehn. Ich hab meine Arbeit.

4. Szene

Nacht. Staller und Stallerin im Ehebett.

STALLERIN Ich hab mein Bestes versucht, das is sicher. Ich kann mir kein Vorwurf mehr machn, das is auch sicher.

STALLER Hab ich was gsagt.

Große Pause.

STALLERIN Es is ebn so, da kann man nix machn.

STALLER Na, mir nicht. Da ghörn andere Leut her, die verstehn das. Die können sich helfn.

STALLERIN Wenns nix nutzt, dann nutzt es nix.

STALLER Das hab ich mir gleich gedacht, daß das kein Sinn hat.

STALLERIN Ebn.

Pause.

STALLER Wenn man wenigstens noch ein Kind hätt, einen Bubn, das wär ein Lichtblick.

STALLERIN Warum?

STALLER Das is doch klar.

STALLERIN Wenn ich schon als Junger kein zweites Kind hab kriegn können, krieg ich jetzt erst recht keins mehr, das weiß ein jeder.

Pause.

STALLER Redn wird man dürfn und sich was ausdenkn, was einem gefallt.

STALLERIN Ja.

5. Szene

Hang mit Preiselbeerkraut. Stallerin und Beppi brocken Beeren mit Gittern. Beppi hochschwanger.

Große Pause.

BEPPI *hat einen sehr fündigen Platz:* Mei, viele!

STALLERIN *lächelt; ziemlich leise:* Dann brock – und red net.

Pause.

6. Szene

Abend in der Stube. Staller, Stallerin und Beppi beim Essen. Große Pause.

Beppi hört auf zu essen, schaut Staller und Stallerin an, Wehen beginnen.

Pause.

BEPPI Papamama.

Ende

Geisterbahn

Stück in drei Akten

Personen:

Staller
Stallerin
Beppi
Sepp
Georg
Ein Hamster, Konrad

Bühnenbild:
Äußerst sparsam. Möglichst Simultanlösungen für je einen Akt.

Dialekt:
Er ist der bayrische. Im außersüddeutschen Raum ist vor allem der Duktus und die Grammatik der bayrischen Sprache reproduzierbar. Ansonsten muß sie als künstliche aufgefaßt werden.
Sehr wichtig sind in diesem Zusammenhang die Pausen. Sie können jenseits der sprachlichen Verständigung sozusagen zu einer »menschlichen Verständigungsmöglichkeit an sich« führen.

Georg:
Die Rolle des Georg kann möglicherweise von einer Puppe dargestellt werden. Ein echter Säugling, den man nur in schwierigen Szenen austauscht, wäre vorzuziehen.

Allgemein:
»Geisterbahn« kann man als eine Fortsetzung von »Stallerhof« verstehen. Obwohl beide Stücke einander nicht bedingen und selbständig sind.

1. Akt

1. Szene

In der Stube. Beppi, Georg im Kinderwagen.

BEPPI *erzählt frei*: Dann is ihr der Wolf *Pause* aber nachgschlichn. *Pause.*

Und so hat er genau gwißt, wos hingeht. *Nickt – Pause.* Und dann hat ers abpaßt. Gell. *Große Pause.*

Und einmal, da hat er sich beim Kramer eine Kreidn kauft, und die hat er gfressn, *Pause* weil er nachad eine hohe Stimm hat. *Pause.* Wie die Großmutter. Und nachad is er hingangen zu dem Haus und hat klopft und hats alle aufgfressn. Putz und Stingl. *Pause.*

Verneint. Epps vergessn.

STALLERIN *macht die Türe auf*: Da is wer für deiner, da kann er einer und dann soll er wieder verschwindn.

BEPPI Der Sepp.

STALLERIN Ebn. *Ab.*

Sepp tritt ein.

Pause.

BEPPI Des is er.

SEPP Genau. *Schaut in den Kinderwagen.*

Pause.

BEPPI Redn kann er noch net.

SEPP Des macht nix, weil er des noch lernt, des werst schon sehn. Des hab ich ihm mitbracht und das auch. *Packt einen Bären und einen Gummihut aus, legt die Sachen auf den Tisch.* Dir gib ich ein Geld, das is besser. *Große Pause.*

Ein Hund hab ich auch wieder. *Pause.* Fast den gleichn. *Pause.* Ich hab ihn bloß net mitbracht. *Große Pause.* Tust ihm Gschichteln verzähln.

Beppi nickt.

SEPP Wo er noch net redn kann.

BEPPI Macht nix. *Pause.* Üben.

SEPP Brav. *Pause.* Lang bleib ich net. – Ich wollt bloß einerschaun. Weil ich in der Näh bin.

Große Pause.

Vielleicht, daß ich jetz öfter vorbeischau. Wenns mich lassn.

Beppi nickt.

Pause.

SEPP Aber größer bist wordn. Gwachsn.

BEPPI *meint Georg*: Schlaft.

Pause.

SEPP Dann tun mir net redn, daß er net aufwacht. *Pause.* Stimmt eh.

2. Szene

Staller und Stallerin im Ehebett.

STALLERIN Auf jedn Fall is es der Vater.

STALLER Weils das is.

STALLERIN Das kann man net abstreitn.

Pause.

STALLER Das Kind soll in ein Heim, dann hört das gleich auf.

STALLERIN Man kann sich aber an alles gwöhnen.

STALLER Ebn und das brauchts net.

STALLERIN Aber er is gsund und munter.

STALLER Das hat ja kein Mensch wissn können.

Pause.

STALLERIN Ein gutes Heim, wo man sich um ihn kümmert.

STALLER Ich red von keinem schlechtn.

STALLERIN Ebn.

Große Pause.

STALLERIN Eine Mutter will das Kind immer in der Näh habn. Das is bekannt.

Pause.

STALLER Man muß sich nach der Deckn streckn. Je früher man das lernt, umso leichter is im Lebn.

STALLERIN Ein Kind is eine Verantwortung, vor allem, wenn es ein Bub is.

STALLER Dann hätt man die Vormundschaft übernehmen müssen.

STALLERIN Damit es heißt, mir hättn sich damit abgfundn und unterstützn es auch.

STALLER Ebn. Weil, zu alt tätn mir noch net sein, um ein Kind zum Aufziehn.

Pause.

STALLERIN Wenn ich es net wissn tät, von wem das Kind is *Pause* – wie es entstanden ist –, dann könnt man es eh behaltn, weils ein netter Bub is. Aber die Kinder werdn die Eltern nach, das is wissenschaftlich.

STALLER Die Beppi net.

STALLERIN Das war eine Ausnahm, sowas kann passiern.

STALLER *schnell*: Weilst dich net genug gekümmert hast.

STALLERIN Was?

STALLER Weil man sich nicht genug gekümmert hat.

STALLERIN Warum?

Pause.

STALLERIN So ein Unsinn, was er redt. Ein Kind, mit dem man net redn kann, dem kann man nix sagn, das is doch klar.

Pause.

Andere ham auch schlechte Augn, das is kein Hindernis.

STALLER Ja.

Pause.

Aber jetz redt sie mehr, seit der Geburt. Das merkt man.

STALLERIN Weils aus der Schul is.

Pause.

So dumm is sie, weil der Bub noch net redn kann, glaubts, daß sie redn muß, weil das was nutzt.

STALLER Weil der Bub net red, red sie.

STALLERIN Mit sechs Monat, so ein Unsinn.

STALLER Weil sie Angst hat.

STALLERIN So dumm is sie.

Große Pause.

STALLER Wenn man so drüber redt, kommt man immer tiefer hinein und will es gar net. Ganz durchnander kommt man und schlaft net. *Pause.*

So einen Bub hätt ich brauchn können als Vater.

STALLERIN Fangt er wieder an.

STALLER Wenn mir die Eltern wärn, wär gegn das Kind nix zu sagn.

Pause.

STALLERIN Aber die Eltern sind die andern. *Pause.* Das is es.

STALLER Jetzt bin ich ganz munter.

STALLERIN Dann schlaf, weils sonst überhaupts nimmer geht.

STALLER Weil man sich net auskennt.

Pause.

STALLERIN Das is bloß immer, wenn er kommt. Wenn der Bub im Heim is, dann braucht man sich auch die Besuche nimmer gfalln lassn. Dann kann er sein Kind dort bsuchn, wos hinghört.

STALLER Daß das zulassn ham, daß er sein Kind besucht.

STALLERIN Ein Vater hat das Recht, sein Kind zu besuchn, das is amtlich.

STALLER Aber was das anricht, wenn er kommt, an das denkt niemand.

STALLERIN Das Kind gehört ebn auch ihm. Da kann man nix machn.

STALLER Wenn es nur von der Beppi wär.

STALLERIN Das geht net.

STALLER Bei die Obstbäum schon.

STALLERIN Aber bloß da.

3. Szene

In der Küche. Stallerin am Herd. Kinderwagen mit Georg in der Nähe. Sie richtet die Flasche her, nimmt Georg heraus und füttert ihn.

STALLERIN Das is ein armer Bub, gell! *Sie lächelt.* Keinen Papa und gar keine Mama, bloß auf die kleinen Füß gstellt. Jetzt tun mir einmal essn. *Füttert Georg.* So is er brav. *Pause.* Magst net? *Pause.* Was anderes ham mir net. *Pause.* Wenn er es net mag, kriegn es die Katzn. Dann wird er aber schaun, wenn er Hunger hat. Ein gutes Kind ißt, was auf den Tisch kommt, oder weißt das net? *Georg nimmt Nahrung an.* Na also: gute Kinder sagen ja.

4. Szene

Sepp und Beppi im Gasthausgarten. Der Kinderwagen mit Georg daneben. Pause. Georg beginnt vergnügt zu quaken und zu quasseln. Beppi und Sepp verhalten sich ganz ruhig und schauen freundlich in den Kinderwagen.

5. Szene

In der Küche am Abend. Stallerin am Herd, Beppi hilft. Staller sitzt am Tisch, tut nichts. Pause.

STALLERIN Das Kind kommt in ein Heim, und es bleibt wie es is. Das is das Beste, für alle. Mir haben es genau überlegt, weil mir deine Eltern sind. Kannst es glauben. Der Bub braucht eine Erziehung. Dort hat er sie. Wenn man schon keine Eltern hat, braucht man zumindest eine gescheite Erziehung. *Pause.*
Und in einen Menschen kann man net hineinschaun, auch

wenn die Zeit vergeht. *Pause.* Nein, da müßt man schon ein Hellseher sein.

Sehr lange Pause.

BEPPI Net fort.

Pause.

STALLERIN Was?

BEPPI Net fort.

STALLERIN Red net und wasch ab, daß was weitergeht.

Große Pause.

STALLER Man muß ein Einsehn habn, dann geht es. *Pause. Er erhebt sich und verläßt die Küche.*

Pause.

STALLERIN Der Papa hat recht. Mir meinen es alle gut, wenn du das verstehst.

BEPPI Ich.

STALLERIN Aber von dir redt man jetzt net. Bist noch jung. Von dir werd noch genug gredet werdn, wennst im richtigen Alter bist. Das is es.

Große Pause.

Wo is der Papa?

BEPPI Aussi.

STALLERIN Da siehst es, wiest die Leut vertreibst.

6. Szene

In der Nacht. Beppi in ihrem Zimmer. Sie schreibt auf einen Zettel. Der Kinderwagen beim Bett.

BEPPI *schreibt*: Wenn der Georg in das Heim muß – *Hört zu schreiben auf* – tot. *Pause.*

– *Schreibt:* bringe ich mich um. Punkt. *Nickt. liest es ab:* Wenn der Georg in das Heim muß, bringe ich mich um.

Pause.

Sie sagt auswendig auf: Wenn der Georg in ein Heim muß, bringe ich mich um. *Schneller:* Wenn der Georg in ein Heim muß – tot.

7. Szene

In der Küche. Früher Morgen. Nach dem Frühstück. Staller, Stallerin und Beppi. Beppi spielt mit ihrem Kind, das im Wagen liegt.

Lange Pause.

STALLERIN *ruhig:* Jetz langts. Jetz ham mir eine Arbeit. Bügeln sollst.

STALLER Ich hätt auch eine Arbeit.

STALLERIN Ebn, dann gehst.

Pause.

STALLERIN Den Georg tun mir in die Stubn, wo er hinghört und seine Ruh hat. *Pause.* Laßt ihn ja net schlafn.

BEPPI Ich.

STALLERIN Damitst wieder eine Stund net kommst und ich die Müh hab. *Sie nimmt den Wagen Beppi weg, schiebt ihn hinaus, Beppi reagiert nicht.*

Sehr große Pause.

STALLER Tu, was die Mama gsagt hat, ich hab auch meine Arbeit.

BEPPI Weg.

STALLER Was? *Pause.* In der Stubn!

Beppi bleibt bewegungslos.

STALLERIN *kommt zurück:* So, er schlaft eh schon. Und jetz werd was tan, daß was weitergeht, nochmal sag ich es nicht.

Pause.

BEPPI *leise:* Wenn der Georg in das Heim muß, bringe ich mich um.

STALLERIN Was?

BEPPI *deutlich:* Wenn der Georg in das Heim muß, tot.

STALLERIN Wo ich gsagt hab, daß bügelt werd und sonst nix.

Beppi geht zum Ofen, nimmt darunter aus der Kohlenkiste ein Scheit in die Hand.

Stallerin begreift, geht zu Beppi, gibt ihr eine Ohrfeige.

Beppi bleibt, als wäre nichts geschehen.

Pause.

STALLER *ohne sich zu rühren:* Das is ein Kind, wo seine Eltern ein Scheit hinaufhaun will. Das hast du geborn.

STALLERIN Dann nimmt man es ihr weg.

STALLER Es nächste Mal. Einmal is keinmal, weil sie weiß, daß man ihre Eltern is.

STALLERIN Hat er eine Angst vor seinem leiblichen Kind.

STALLER Warum?

STALLERIN Ebn.

Pause.

STALLER Das is, weils eine Mutter is. Das unterschätzt man.

STALLERIN Ich war eine Mutter, das laß ich mir von niemand nehmen.

BEPPI Mama, Papa!

STALLER *glaubt, er sei gemeint*: Weil mir jetzt alle an die Arbeit gehn und es is vergessn.

BEPPI Sein Papa.

Beppi legt das Scheit zurück in die Kohlenkiste, geht hinaus.
Große Pause.

STALLERIN Bügeln kann ich auch. *Sie holt die Bügeldecke hervor, das Eisen, richtet alles her, etc.*
Staller wartet.

BEPPI *kommt mit dem Kinderwagen zurück, stellt ihn in die Küche. Die Eltern sagen nichts. Beppi geht wieder hinaus, kommt mit einem kleinen Koffer wieder, hat einige Habseligkeiten in der Hand, vor allem Sachen von Georg, beginnt den Koffer zu packen. Die Eltern sagen nichts. Stallerin bügelt, Staller schaut.*

Pause.

Beppi will aus dem Korb mit ungebügelter Wäsche etwas herausnehmen.

STALLERIN Wart, das tun mir zuerst bügeln, daß ihr was gleichschauts in der Stadt, wo einen keiner kennt. *Sie bügelt.*

Pause.

2. Akt

1. Szene

Im Untermietszimmer von Sepp.

BEPPI Dann bin ich hingstellt und gsagt: Wenn der Georg in ein Heim muß, bringe ich mich um. *Sie lacht und nickt.*

Pause.

SEPP Das is es. Wenn man die Zähn zeigt, nachad kann man alles habn. Bloß traun muß sich eins.

Pause.

Das hätt ich auch viel öfter tun solln, das wär es gwesn. *Pause.* Bloß, wo ich immer der Schwächer gwesn bin – *lächelt.* Da kann man sich net wehrn, wenn man der Schwächere is.

BEPPI Wer wagt, gewinnt!

SEPP *schaut sie an*: Des hast von mir, gell!

BEPPI *nickt.*

SEPP Des is ein Sprichwörtl sonst nix.

BEPPI Wer wagt, gewinnt!

SEPP *lächelt:* Jeder ist seines Glückes Schmied!

Pause.

BEPPI Dem Tüchtigen gehört die Welt.

SEPP Sterne reißts vom Himmel, das kleine Wort: ich will!

Pause.

SEPP Und?

BEPPI Wer wagt, gewinnt!

SEPP Ham mir schon ghabt.

BEPPI Nachad?

SEPP Selbst is der Mann!

BEPPI Genau.

Beide lächeln.

SEPP Wenn ich gwußt hätt, daßd kommst, hätt ich gleich eine Wohnung gnommen.

Pause.

Wohnung is es keine, bloß ein Untermietszimmer.

BEPPI Schön.

SEPP Man muß es nur erwartn können, dann is schön.

Beppi nickt.

SEPP Hab ich es dir gsagt oder net, daß die Zeit vergeht.

Pause.

SEPP Das kriegn mir schon, werst es schon sehn. Daß ich net gsund bin, das is mein Pech, weil ich nimmer jung bin.

BEPPI Wo?

SEPP *faßt undeutlich über seine Brust:* Aber zehn Jahr hab ich immer noch zum Lebn, werst es schon sehn. *Pause.* Wie ich jung war, hab ich des net ghabt. *Er geht zum Kinderwagen, schaut hinein, lacht.*

Jetz is überstandn. *Pause.* Mir sagn, daß du meine Tochter bist, wo den Vater gsund pflegt. Ebn. Verstehst, daß keine Schwierigkeit gibt, bis mir eine Wohnung ham.

Pause. Das is schwer, eine Wohnung, wo net teuer is. Werst schaun.

BEPPI *nickt:* Und der Georg?

Pause.

SEPP Da tun mir so, als wär er ned da. *Pause.* Werst sehn, wo er klein is, geht das.

2. Szene

Abend in der Stube vom Stallerhof. Staller und Stallerin.

STALLERIN Hoffentlich is ihnen nix passiert.

STALLER Schmarrn.

STALLERIN Nix gwiß weiß man net.

Pause.

STALLERIN Sehn möcht ich durch ein Guckloch, wos sind.

STALLER Bei ihm, was sonst. Da tätst was sehn, wennst was sehn tätst.

Nickt.

STALLERIN Ich glaub es nicht.

STALLER Was is, is.

STALLERIN Ebn. Ich glaub es nicht. Man darf von einem Menschn nicht immer gleich das Schlechteste vermutn, weil ihm sonst nix anders einfallt.

STALLER Weg sinds jedenfalls.

STALLERIN Wie mirs wolln ham.

STALLER Weil ich gfragt wordn bin, ob ich epps will.

STALLERIN Jeder is seines Glückes Schmied.

STALLER Ein Sprichwort, sonst nix.

STALLERIN Aber es stimmt.

3. Szene

In der Untermiete. Beppi kocht auf dem Kocher.

SEPP Jetzt mußt fehlerfrei redn lernen. Das is das Wichtigste. Wennst redst, bist ein anderer Mensch.

BEPPI *nickt:* Übn.

SEPP Genau. Werst es sehn, wennst es kannst, is es selbstverständlich.

BEPPI *nickt:* Geht nicht in die Hilfsschul der Georg, sondern in die Volksschul wie alle.

SEPP So ein Schmarrn. Der geht in die Volksschule, wie es sich ghört, und ein Gymnasium macht er auch, wenn es geht.

BEPPI Weil er was Bsonders wird.

SEPP Genau.

BEPPI *zum Kinderwagen:* Hörst es, wie mir von dir redn tun. *Pause.* Schaut aus wie der Papa.

SEPP Wo ich überhaupt kein Maßstab bin! Einer, auf den es net weiter ankommt. – Macht nix! – Er werd einer, auf den es ankommt, weil ich das garantier. Der Bub wird es ihnen zeigen, was mir können! Der werd gar net fragn, ob er gfragt is, der wird es ihnen einfach sagn, ohne daß er aufgrufn is. *Er lacht.* Die werdn sich anschaun, wenn er soweit is.

BEPPI Gscheit.

SEPP Ja und kräftig. Das is es.

Pause.

BEPPI Ein Satz braucht einen Satzgegenstand, eine Satzaussage und eine Satzergänzung.

SEPP Brav.

BEPPI Redn muß er lernen: Herr von Hagen, darf ichs wagen, Sie zu fragen, welchen Kragen Sie getragen, als sie lagen, krank im Magen, im Spital von Kopenhagen. *Lacht nickt.*

SEPP Das is bloß ein Schmarrn, aber es stimmt.

BEPPI Wo ich es kann. *Sie konnte es noch nicht besonders gut!*

Pause.

SEPP Gfallts dir bei mir?

BEPPI Ebn. *Pause.* Wo is der Hund?

SEPP Warum?

BEPPI Wo er gsagt hat, ein neuer Hund is da.

Pause.

SEPP Plötzlich merkt ses.

BEPPI Genau. *Lacht.*

SEPP Des is bloß so gsagt wordn, daß man sieht: es geht mir gut.

BEPPI Glogn!

Sepp lacht.

4. Szene

In Untermiete. Beppi packt eine große Schachtel aus.

SEPP Jetz bin ich aber gspannt.

Beppi nickt. Sie packt einen Hamsterkäfig und einen Hamster aus.

SEPP Für ihn.

BEPPI *nickt:* Kauft. *Sie tun den Hamster in den Käfig, Beppi hebt Georg aus dem Wagen.*

BEPPI Was ihm die Mama bracht hat! *Lacht.*

SEPP *mit dem Hamster beschäftigt:* Einsperrn!

BEPPI *nickt.*

SEPP Fühlt sich ganz wohl.

Pause.

SEPP Braucht hätts das jetzt aber nicht. Wo mir eh bald Weihnachtn ham, da schenkt man vorher nix und hebt es auf! Auf das Geld muß man aufpassn.

Beppi schweigt.

SEPP Wo die Unterstützung net höher is. Vom Sparn hat sie noch keine Ahnung, die Beppi. *Pause.* Epps muß noch her. Weihnachtn!

BEPPI Arbeitn.

SEPP Daheim müßt es sein. Fortgehn mag ich nicht, daheim is es schöner.

5. Szene

In Untermiete. Sepp und Beppi bei der Heimarbeit. Sie machen Zwetschgenmännchen und -weibchen. Sepp malt die Köpfe etc., Beppi macht Kleider etc.

SEPP Ein Glück muß der Mensch habn.

Sie arbeiten lange Zeit.

SEPP Aber jetzt seh ich nimmer. – Pause!

BEPPI Hinlegn, ausruhn. Die Beppi macht das schon.

6. Szene

Sepp richtet in einer Ecke des Zimmers den Weihnachtsbaum. Beppi ist in der anderen Ecke des Zimmers mit Georg; sie schaut erst weg, aber dann luhrt sie. Sepp merkt es.

SEPP Net schaun.

BEPPI Wo ich die Mama bin.

SEPP Trotzdem. Freud verderbn.

BEPPI Eh nix gsehn.

SEPP Ebn.

Sepp macht weiter, Beppi beschäftigt sich mit Georg.

Lange Pause.

7. Szene

Weihnachten auf dem Stallerhof

STALLER Vorigs Jahr war der Baum schöner.

STALLERIN Ja.

Pause.

STALLER Weihnachtn für alte Leut is ein Schmarrn.

STALLERIN Mir san noch net alt.

STALLER Nein.

Pause.

STALLERIN Hättn mir sie halt eingladn, dann wärns jetz da.

STALLER An Weihnachtn is schön, wenn man Kinder hat.

STALLERIN Wo mir eh ein Packet gschickt ham.

STALLER Ob sie es rechtzeitig kriegt ham?

STALLERIN Freilich.

Pause.

STALLER Soll ich die Kerzn anzündn.

STALLERIN Wennst es willst. *Tut es.*

STALLER Aber die Zwetschgenmandeln sind schön, dies uns gschenkt ham. Ein Paarl.

STALLERIN Sehr schön: Übung macht den Meister.

8. Szene

Weihnachtliche Schneelandschaft, an einem kleinen Weiher.

Sepp und Beppi, Georg im Kinderwagen.

Beim Fotografieren.

SEPP *zu Georg:* Jetz lach, daß es Foto epps werd!

Beppi hat den Fotografierapparat.

SEPP Jetz lacht er net, weil er nix versteht.

BEPPI Blubb, blubb, blubb *Pause.* Wo is die Mama, jetz is sie weg!

SEPP Wenn er weint, braucht man ihn net fotografiern.

BEPPI Man darf die Geduld net verliern.

SEPP Nachplappert, weil ich das sag.

BEPPI Gschenkter, gschenkter nimmer gebn.

SEPP Sag eh nix.

BEPPI Mögn tut die Mama es Kind überhaupt nie mehr, weil nirgends eine Bravheit is. – Ein schöner Bub macht ein schönes Gsicht beim Fotografiern, das is es.

SEPP Kalt is mir, gehn mir weiter.

9. Szene

In einem Wirtshaus. Staller, Stallerin, Sepp, Beppi, Georg. Sie haben Mittag gegessen.

Lange Pause.

STALLER *ruft:* Zahln, Herr Ober!

SEPP Ich zahl, weil mir eingladn ham.

STALLER Jeder kann sein Sach zahln.

SEPP Ich tät alles zahln wolln.

10. Szene

In der Untermiete. Tag, Beppi mit Heimarbeit beschäftigt, jetzt, nach Weihnachten, faltet sie Kartons zusammen, Sepp im Bett, krank.

Lange Pause.

SEPP Keine Wohnung net, wie ich es versprochen hab.

BEPPI Wo er krank is.

SEPP *nickt:* Da kann man nix dafür, wenn man krank is, weils einem nicht gut geht. *Pause.* Daß ich ausgrechnet jetz krank bin, is mein Pech.

BEPPI Pflegn.

SEPP *lächelt:* A Kranknschwester.

BEPPI Ich.

SEPP Hast eine Liebe zu meiner.

BEPPI Tapfer sein, das is es.

Pause.

SEPP Wenn ich jetz sterbn tät, tät ich es gar nicht glaubn.

BEPPI Stirbt net.

Pause.

SEPP Wenn eins weggeht, is es allein. *Pause.* Geh net weg von deiner. Wo tät ich denn auch hingehn, wenn da meine Familie is. Schlaft der Bub?

BEPPI Fest.

Beppi weint. Pause.

SEPP Plärrst?

Beppi verneint.

SEPP Die Beppi is wie ein Hund, der net redn kann.

Beppi verneint.

SEPP Ebn.

Pause.

SEPP Wenns gar nix nutzt, geht man ins Kranknhaus, die richtn ein schon wieder.

BEPPI *nickt:* Doktor.

SEPP *nickt:* Wenn gar nix nutzt, muß sein.

11. Szene

Im Krankenhaus. Sepp liegt. Beppi allein.

SEPP *schaut Beppi an:* Kommt schon!

Beppi nickt.

Pause.

SEPP Derf bald wieder heim.

BEPPI Nix operiern.

SEPP Bloß aufgschnittn hams, einigschaut und wieder zugmacht. *Lacht.*

BEPPI *lacht.*

SEPP In einer Woch kann ich schon wieder daheim sein.

BEPPI Georg wart untn, ham mich net hereinlassn damit.

SEPP Zu mir?

BEPPI Na. Ein Säugling darf überhaupt net ins Krankenhaus. Das is viel zu gfährlich, sagt die Schwester. Man kann nie wissn.

SEPP Besser is besser.

BEPPI *nickend:* Schlaft.

Pause.

BEPPI Fallt nix auf?

SEPP Warum?

Große Pause.

SEPP Seh schon. Hast wieder was kauft, wo ich net da bin.

BEPPI Net kauft es Kleidl. Gschenkt kriegt.

SEPP Wer?

BEPPI Die Nachbarin. Ein Kleidl, noch ein anderes, Hosn für den Sepp, aber für den Georg das meiste. Ein Haufn Zeug. – Wie neu.

SEPP *jetzt einverstanden:* Schaust schön aus. Sehr schön!

BEPPI *lacht:* Brauchts nimmer. Mir schon.

SEPP Alles kann man brauchn. Schöne Hosn?

Beppi nickt und lacht.

SEPP Tust fleißig übn?

BEPPI *lacht, nickt:* Herr von Hagen, darf ichs wagen, Sie zu fragen, welchen Kragen Sie getragen, als sie lagen, krank im Magen, im Spital von Kopenhagen.

Sepp ist tot.

Pause.

Beppi merkt es.

Pause.

BEPPI *deutlich:* Herr von Hagen, darf ichs wagen, Sie zu fragen, welchen Kragen Sie getragen, als sie lagen, krank im Magen, im Spital von Kopenhagen.
Große Pause.

12. Szene

In der Untermiete. Beppi und Georg. Spät. Beppi bei der Heimarbeit.

3. Akt

1. Szene

In der Untermiete. Abend. Beppi bei der Heimarbeit. Georg.

RADIO Und jetzt kommt das Traummännlein.

BEPPI Hörst es, was er sagt für uns.

RADIO Liebe Kinder: Ohren gespitzt und Äuglein zu. Ein Kätzchen, dem hats nicht mehr gepaßt: Wenn ich daheim gar keine Milch mehr krieg, geh ich ebn auf die Wanderschaft. Schön wie ich bin, wird sich ein Platz für mich finden.

Weit is es gelaufen in eine fremde Stadt. Dort hats die Nacht zubringen wollen, aber kein Mensch hat ihm Quartier gegeben.

Ich fange Ihnen zwanzig Mäuse, wenn Sie mich dafür übernachten lassen! Keiner ist auf das Geschäft eingegangen.

Ganz müd war das Kätzchen und wollte schon auf der Straße übernachten. Da kommt eine Maus, und wie die den Schreck überwunden hat, sagt sie: Hallo, da bin ich. Ich bin aber eine Maus.

Laß mich in Ruh, hat das Kätzchen gesagt. Ich bin müd.

Du willst mich nicht fangen? hat die Maus ungläubig gefragt. Warum denn, wenn es mir nichts nützt! knurrte das Kätzchen. Aber alle Katzen fangen Mäuse!

Da bin ich eben anders! hat das Kätzchen geantwortet. Ich hab in der ganzen Stadt für 20 gefangene Mäuse eine Unterkunft haben wollen. Niemand hat mein Angebot angenommen. Wozu soll ich dann eine Maus fangen, wenn es nichts nützt!

Da hat die Maus gestutzt: Nur wegen einer Unterkunft. – Klar! Das Mäuschen überlegte einen Augenblick: Und wenn wir dir eine Unterkunft geben? – Wer wir? – Die Mäuse der Stadt! Ich bin nämlich der Stadtverordnete hier von den Mäusen.

Es entstand eine lange Pause. Die Maus kam dem Kätzchen immer näher, da dieses aber wußte, daß es gar nichts nützte, wenn es die Maus finge, tat es keinen Laut. Das kleine Mäuschen fuhr fort: Paß auf! Wir haben einen schönen Vorratskeller, wo wir alle wohnen. Du darfst bei uns schlafen und essen, was du willst, und alle Mäuse werden deine Freunde sein.

Und was soll ich dafür tun?

Uns nicht fressen!

Sonst nichts?

Die Maus, die der Stadtverordnete der Mäuse war, druckste ein bißchen herum. – Einen Gefallen könntest du uns noch erweisen! – Was?

Uns gegen andere Katzen verteidigen. Dann darfst du aber für immer bei uns bleiben, und wir haben Dich alle sehr lieb. Das Kätzchen überlegte nicht lange. Es dachte sich: wenn es mir bei den Menschen so schlecht gegangen ist, daß sie mir zuerst zuwenig Milch und dann nicht einmal ein Nachtquartier gegeben haben, warum soll ich ihnen dann noch die Treue halten? Da gehe ich doch lieber zu den Mäusen, die geben mir Unterkunft und Milch und haben mich auch noch lieb.

Eingeschlagen, sagte das Kätzchen. Gemeinsam gingen sie nun zur Behausung der Mäuse, die wirklich ein großer Vorratskeller war, und als die anderen Mäuse von dem Handel hörten, stimmten sie ein Freudengepiepse an und hielten ein Fest ab. Das Kätzchen aber wurde durch die Fürsorge der Mäuse groß und stark, und bald traute sich niemand mehr von den anderen Katzen der Stadt, einer Maus etwas zuleide zu tun, weil sie sich vor deren Beschützer fürchteten. So lebten bald alle friedlich zusammen, und wenn sie nicht gestorben sind, dann leben sie

noch heute! So, liebe Kinder, das war das Traummännlein! Jetzt machen wir ganz schnell die Äuglein zu und schlafen ganz fest! Gute Nacht und schlaft recht schön!
Pause.

BEPPI Hast es gehört, wies zugeht auf der Welt?
Pause.

2. Szene

Auf dem Friedhof. Beppi und Georg im Kinderwagen.

BEPPI *nimmt Georg aus dem Wagen:* Da liegt er, schau. – Das tun mir jetz schön richtn, und wenn er herunterschaut, sagt er: brav. *Sie richtet lange das Grab, mitgebrachte Blumen etc.*
Pause.
Betn darf net vergessn sein.
Vater unser, der du bist im Himmel, geheiligt werde dein Name, zu uns komme dein Reich, dein Wille geschehe wie im Himmel also auch auf Erden, unser täglich Brot gib uns heute, und vergib uns unsere Schuld, wie auch wir vergeben unsern Schuldigern und führe uns nicht in Versuchung, sondern erlöse uns von dem Übel; Amen. Herr gib ihm die ewige Ruhe, und das ewige Licht leuchte ihm in Ewigkeit, Amen. *Kreuzzeichen.* Im Namen des Vaters und des Sohnes und des Heiligen Geistes, Amen. Vom Georg auch. *Sie richtet alles zum Gehen her.* Das is kein schönes Kreuz, gell! *Obligatorisches Holzkreuz kurz nach der Grablegung.* Ein großer Stein muß es sein, wo alles draufsteht. Die Beppi und der Georg machen das schon! *Nickt, geht.*

3. Szene

In der Untermiete. Den Umständen entsprechend, etwa während Sepps Bettlägrigkeit, hat das Zimmer immer sehr sauber ausgeschaut. Jetzt ist es besonders schön hergerichtet. Beppi ist dabei, ihre Heimarbeit zu kaschieren: eine schöne Tischdecke über den Stoß Pappe. Die fertigen Schachteln verhängt sie, etc.

Das dauert sehr lange und wird sehr gründlich gemacht.

Dann nimmt sie Georg aus dem Wagen, zieht ihm ganz frische Sachen an, richtet ihn her aus dem ff. Sie selbst ist ebenfalls schön gekleidet.

BEPPI Soll schaun, die Schwester, wie mir es schön ham! *Nickt.*

4. Szene

Auf dem Stallerhof. Staller und Stallerin.

STALLERIN Auf die Leich hätt man gehn solln.

STALLER Ein Armenbegräbnis.

STALLERIN In der Stadt möcht ich nicht sterbn, da tät man sich einsam fühln.

STALLER Mir sterbn auch net in der Stadt, weils des net braucht.

STALLERIN Bestimmt net. *Pause.* Wie mans macht, is es falsch.

STALLER Genau. *Pause.* Gar net weg hätt man sie lassn solln, das is es.

STALLERIN Wenn er früher gstorbn wär, hätt man sie eh net weglassen.

STALLER Dann hätts net auskönnen, dann hätts dableibn müssn.

STALLERIN Wer die Wahl hat, hat die Qual. *Pause.* Besser spät wie nie.

STALLER Warum?

STALLERIN Besser spät wie nie.

STALLER Ja. Es is nie zu spät.

Pause.

STALLERIN Das is jetz keine Zeit zum Kopfhängenlassn! Das hat schon viel schlechter ausgschaut, als wie es jetz ausschaut. Grad jetz wo er gstorbn is.

STALLER An was der gstorbn is?

STALLERIN Ein Krebs werd er ghabt ham wie alle.

STALLER Des hätts net braucht.

STALLERIN Wo er nimmer jung war. Das darf man net vergessn.

STALLER Praktisch ein alter Mann.

STALLERIN Des net, weil Siebzig kann ein jeder werdn, wenn er auf sich halt.

STALLER Siebzig is schon viel, wenn man ein Pech hat.

STALLERIN Ebn. *Pause.* Wenn die Zeit vergeht, kann man alles richtn, wie man sieht.

STALLER Das is bewiesn.

STALLERIN Jetzt soll der Bub in ein Heim, wie mir es damals ausgmacht hättn, wenn nix dazwischen kommen wär. Und die Beppi kommt heim. Das is vor alle zum Verantwortn. Und wenn eins fragt, dann stellt man sich dumm. Und wenn dann die Zeit vergeht, dann kommt der Georg auf Urlaub zu uns, und kein gehts was an.
Pause.
Weil man dann sieht, wie er sich entwickelt. Und nachad, wenns ein netter Bub is, nimmt man ihn ganz zu sich, wie es sich ghört für anständige Leut.

STALLER Gleich tät ich sie nehmen wolln, wos ihn nicht mehr gibt.

STALLERIN Dann ebn gleich, wennst es willst.

STALLER Das war ein Weihnachtn, wos net da warn! *Nickt.*

STALLERIN Ebn. *Pause.* Was kümmern mich die Leut, wenn ich es besser weiß.

STALLER Nix. *Pause.* Man soll nix überstürzn.

STALLERIN Nein.

STALLER Machn mir es langsam, dann kann man es auch verdaun.

STALLERIN Ebn. Wo es seinen Weg geht, wie man es sich denkt.

STALLER Die Beppi kommt heim.

STALLERIN Und später kommt der Bub, wies geplant is.

STALLER Dann braucht man sich vor niemand epps denkn. Es geht sein Weg.

STALLERIN Und wenn wer was sagt, dann stelln mir uns auf die Hinterfüß.

STALLER Genau.

Pause.

STALLERIN Zeit brauchn mir alle. Dann geht es.

STALLER Weil mir sie uns nehmen.

STALLERIN *nickt:* In gewisser Hinsicht. Muß man die Wahrheit sagn. Wenns paßt.

Staller nickt.

5. Szene

In der Untermiete. Beppi und Georg. Beppi liest einen Brief, sonst bei der Arbeit.

BEPPI Sehr geehrtes Herr Frau Fräulein Staller. Laut Fürsorgeentscheid vom 30. 3. 1972 wird die vorübergehende Einweisung ihres ihrer Sohnes Tochter Georg Staller geboren am 10. 1. 1971 in das Städtische Kinderheim Sankt Emmeran München Feldkirchen, Feldkirchener Straße 217 bestimmt.

Sie haben sich diesbezüglich am 25. 5. 1972 im Kinderheim Sankt Emmeran mit obig genannter Person um 7 Punkt 30 Uhr einzufinden. Das Mitbringen persönlicher Gebrauchsgegenstände wie Kleidung, Wäsche, Spielzeug e te ce ist erwünscht. Stadt München. Abt. Vormundschaftsgericht i Punkt GroßA Punkt Anton Klein Amtmann.

Pause. Beppi arbeitet schnell weiter.

6. *Szene*

Früher Morgen. In der Untermiete. Beppi beim Packen von Georgs Habseligkeiten. Georg bereits fertig im Kinderwagen.

BEPPI Daß nix vergessn werd, was es Biabl braucht. Gell!
Georg spuckt den Schnuller aus.

BEPPI Ein guter Georg trenzt net, wenn er schön ausschaun soll! *Sie geht zur Kredenz und taucht den Schnuller in die Zuckerdose, gibt ihn wieder Georg.* Mein Gott, so was möchtn alle Kinder habn! *Georg heult.*
Pause.
Der Konrad! *Sie holt den Hamster mit dem Käfig.*
Georg plärrt.

BEPPI Wo er mitgeht der gute Konrad. – Gackile gmacht, wo der Bub fortgehn soll.
Pause.
Schnell, schnell, daß sie net zu spät kommen, wo die andern schimpfn auf sie.
Sie nimmt Georg aus dem Kinderwagen, legt ihn auf die Wickelkommode, wickelt ihn frisch.

BEPPI Angschissn, das Schweindl! *Sie lacht. Wickeln, das Kind schreit.*

BEPPI Mir bleibn ganz klein, dann sieht uns niemand und tut uns nix.
Pause.
Schrein tät ich an deiner Stell net, weil man es hört.
Pause.
Angst. Wie der Georg eine Angst hat, der Angsthas. Dir tut niemand epps, da wird die Mama schon aufpassn. *Sie nimmt Georg, geht mit ihm zurück zum Wagen, bleibt stehen, legt sein Gesicht in ihre Achsel und drückt mit der freien Rechten gegen den Hinterkopf des Kindes. Nach längerer Zeit hört das Kind auf zu schreien, weil es tot ist. Dann legt sie es zurück in den Kinderwagen. Sie zieht sich*

den Mantel an, will gehen. Sie setzt sich an ihren Arbeitsplatz und beginnt mit ihrer Heimarbeit. Sie arbeitet sehr lange. Dann steht sie wieder auf, und macht alle Vorbereitungen des Gehens rückgängig. Alles kommt wieder an seinen Platz. Auch der Kinderwagen. Zuletzt zieht sie sich ihren Mantel wieder aus und hängt ihn auf. Dann arbeitet sie weiter.

7. Szene

In der Untermiete. Abend.
Beppi bei der Heimarbeit. Dann steht sie auf, geht zum Herd, nimmt einen Teller, schüttet sich warme Suppe ein, schneidet ein Stück Brot ab, stellt alles auf den Tisch. Tut einen Löffel dazu. Setzt sich, nimmt einen Löffel Suppe. Steht wieder auf, geht zum Kinderwagen, schaut hinein.

BEPPI Schlafn, schlafn.

Sie geht zu den Schachteln, die sie fertigt, nimmt eine, stellt sie auf den Tisch. Holt eine Schere aus der Tischschublade und schneidet in die Schachtel Luftlöcher hinein. Sie zieht sich ihr Strickjäckchen aus und polstert damit die Schachtel aus. Dann nimmt sie Georg aus dem Wagen und legt ihn in die Schachtel. Sie deckt das Kinderwagendeckchen über ihn. Dann geht sie zum Kinderwagen, sucht den Schnuller, findet ihn, legt ihn in die Schachtel. Dann tut sie den Deckel drauf. Holt aus der Kredenz eine Schnur, schnürt die Schachtel gut zu. Dann zieht sie ihren Mantel an, nimmt das Paket, löscht das Licht und geht aus dem Zimmer.

8. Szene

Rummelplatz. Bei der Geisterbahn. Beppi mit dem Paket dabei. Dann löst sie eine Karte. Sie fährt mit der Geister-

bahn, kommt zurück. Ohne das Paket. Sie steigt aus, geht weiter.

9. Szene

Im Gefängnis. Beppi in Anstaltskleidung. Staller und Stallerin. Große Pause.

STALLERIN Hast uns gar nix zum sagn, wo mir deine Eltern sind.

Pause.

BEPPI Den Konrad.

Pause.

STALLER Wenn es erlaubt is.

Ende.

Lieber Fritz

Stück in 17 Bildern

Personen:

OTTO

HILDE *seine Frau*

SUSI UND MARTIN *ihre Kinder*

MITZI *Angestellte bei Otto*

FRITZ

Bild:

Das Stück spielt hauptsächlich in einer Gärtnerei in der Nähe von München. Keine Dekoration. Bunte Projektionen und Versatzstücke.

I

In der Küche. Abend.

Sehr lange, getragene Szene.
Es regnet. Hilde spült Geschirr ab, Susi trocknet ab. Der Fernseher läuft und Otto schaut zu. Martin spielt mit Streichhölzern.

HILDE Hört nimmer auf, der Regn. *Pause.* Und wie es gießt.

SUSI Was?

HILDE Schusterbubn regnets, hat der Opa immer gsagt, wenn es so gossn hat, wie heut.

SUSI Schusterbubn *lacht* regnet es aber nicht.

Pause.

HILDE Einmal hat es kommen müssn. War lang schön.

OTTO Eh alles austrocknet auf dreißg Zentimeter.

HILDE Ja. Is Gießn gspart. *Zu den Kindern:* Brauchts morgn nicht gießn helfn.

Pause.

OTTO *zu Martin:* Wennst es zündeln nicht aufhörst, fangst eine.

HILDE Messer, Gabel, Schere, Licht, ist für kleine Kinder nicht.

SUSI Is kein Licht, was er hat, sondern ein Feuer.

HILDE Um so schlimmer.

Pause.

MARTIN *hat etwas aus den Streichhölzern gebaut:* Papa, schau! *Pause.* Schau, Papa!

OTTO Eine Ruh, daß man was versteht.

MARTIN Einmal schau bloß, Papa!

Pause.

HILDE Schön!

OTTO Tus ins Bett, is Zeit.

HILDE Jetz wasch ich ab und die Susi hilft mir, oder siehst das nicht.

OTTO Der Martin soll verschwindn.
HILDE Geh einmal allein. Ich komm dann und deck dich zu.
OTTO Wennst schlafst, wachst du!
MARTIN *reagiert nicht.*
Pause.

II

Vor dem Haus. Vormittag.
OTTO *ruft aus dem Treibhaus:* Is er da? *Er kommt.*
HILDE Er is da.
Fritz, einen kleinen Koffer in der Hand, altmodisch gekleidet, kommt ihnen entgegen.
FRITZ Grüß Gott beinand!
Kurze Pause.
HILDE Eine Hand kannst uns schon gebn!
Er tut es.
OTTO Grüß dich, Fritz!
HILDE Wie gehts dir denn?
FRITZ Mei, wies halt geht.
Kurze Pause.
OTTO Daß du jetz schon kommst. Mir ham dich für später erwartet.
FRITZ Um siebene hams mich gehn lassn. Da hab ich mich gemeldet und jetz bin ich hergfahrn.
OTTO Hast ein gscheitn Zug ghabt?
FRITZ Ein Schnellzug. Acht Uhr zwölf ab, München an zehn Uhr neununddreißig. Er hat nur einmal gehalten.
HILDE Ham dich schon erwartet.
Kurze Pause.
OTTO Dicker bist wordn. Hat dir gut tan, der Urlaub.
HILDE Gut schaut er aus. Wirklich gut schaust aus.
FRITZ Acht Kilo zugnommen zuletzt.
Kurze Pause. Fett bin ich.

OTTO Das wird die gute Verpflegung sein, wos jetz ham.

HILDE Is dir nix abgangen?

OTTO Jetz wost wieder arbeitn tust, geht das runter!

Kurze Pause.

FRITZ Genau.

Kurze Pause.

Dankschön, daß ihr mich aufnehmts. Sonst stehert ich jetzt da.

Kurze Pause.

HILDE *schnell:* Wost mein Bruder bist, war es selbstverständlich.

OTTO Richtig!

Pause.

HILDE Jetz kommst herein, daß du herin bist.

Sie gehen ab ins Haus.

III

In der Küche.

HILDE *zu Martin:* Das is der Onkel Fritz, sag schön »Grüß Gott«. Der wo in Amerika war.

MARTIN Wo warst du?

HILDE Das is der Martin, denst noch gsehn hast.

FRITZ In Amerika, bei die Indianer.

OTTO Bist dorrat?

MARTIN Über das Meer?

HILDE Mit dem Schiff. Ja. Weil er das Meer gesehn hat. Heimweh hat er ghabt, da is er gekommen.

MARTIN Hast was mitbracht?

OTTO Weil du eh alles hast.

FRITZ Ich kauf dir was, wenn ich in der Stadt bin.

OTTO Du brauchst meine Kinder nix kaufn. Die ham alles. Zu Weihnachtn kriegt er ein Fahrrad.

HILDE Wenn er brav is.

MARTIN Ein Ponny tät ich mögn.

OTTO Da siehst es, die Bankertn. Mit nix zufriedn. Schau daß du jetz in Gartn kommst.

HILDE Ja, geh hinaus und spiel. Wenn die Erwachsenen was zum Redn ham, brauchn sie keine Kinder.

MARTIN Kannst mir schon was mitbringen aus der Stadt.

OTTO Da sollt man nicht redn, sondern eine wischn. Naus jetzt.

Hilde tut das Kind hinaus.

OTTO Da hast ihn, mein Sprößling.

HILDE Die Susi is in der Schul. Den Martin hast noch vorher gsehn, gell?

FRITZ Wie er ein Baby war.

HILDE Bist lang weg gwesn.

FRITZ Vier Jahr und hundertzweiundvierzig Täg.

OTTO Wie der das weiß.

HILDE Der Fritz hat ebn ein gutes Gedächtnis, was du nicht hast. Hast ein Hunger? Magst eine Suppn?

FRITZ Ein Kaffee tät ich mögn.

OTTO Trinkst ein, ich geh aussi, kommts auch dann! *Ab.*

HILDE Ja. – Jetzt setz dich schon hin, oder willst stehn?

Fritz tut es.

IV

Ein Zimmer. Tag.

Fritz räumt langsam und bedächtig einen leeren Schrank mit seinen Sachen ein.

FRITZ . . . da die Sockn

. . . untn

. . . da die Hemdn

. . . *leere Kleiderbügel* Kleiderbügl

. . . das ziehn mir nimmer an . . . für die Arbeit *stellt Schuhe hinein* . . . schlecht

... stellt sie woanders hin ... daher
räumt noch zwei Unterhosn und zwei Unterhemden und eine Krawatte ein

OTTO *klopft an, kommt.* Is was Fritz?

FRITZ Einräumen. *Räumt ein Nachthemd ein.*

OTTO *betrachtet den Schrank:* Eine Ordnung, wo du früher nicht ghabt hast.

FRITZ Lernst.

OTTO *nickt:* Wie der Spind, so der Soldat.

FRITZ Barras! *Er nimmt Schuhputzzeug aus dem Koffer, tut es in den Schrank. Handtuch über einen Stuhl. Nimmt eine Flasche Weinbrand aus dem Koffer.* Das hab ich mitbracht für euch.

OTTO *liest das Etikett:* Asbach Uralt. »In Asbach Uralt ist der Geist des Weines«!

V

In der Küche. Später Abend. Sie trinken den Asbach Uralt.

HILDE Wennst weitertrinkst, Otto, kriegst ein Rausch.

OTTO Das wer ich schon selber wissn. Wo er ihn mitbringt, trinkt man ihn ebn.

FRITZ Wiedersehn feiern, hab ich mir denkt.

OTTO Richtig.

Pause.

OTTO Man muß die Feste feiern, wie sie fallen.

HILDE Aber übertreibn muß man nicht.

OTTO *auftrumpfend:* Ein sorgendes Weib hat kein Unterleib!

HILDE Jetzt fangt er schon an.

Kurze Pause.

FRITZ *zu Hilde:* Verstehst halt ein Spaß!

OTTO Is ein Spaß!

Pause.

HILDE Morgn is auch ein Tag. Um viere gehts außer!

FRITZ Wennts mich weckts, bin ich heraußn.

OTTO Is alles organisiert. Wost du der Bruder bist von meiner Frau, hab ich mir denkt, geht uns das was an. Du kriegst vierhundert Mark auf die Hand von mir und alles frei.

FRITZ Einverstandn.

HILDE Für den Anfang, Fritz, verstehst!

OTTO Wennst eingearbeitet bist, redn mir weiter.

FRITZ Genau.

Pause.

HILDE Der Fritz trinkt nicht soviel.

OTTO Weil er nicht darf. *Pause.* Ich hab mir denkt, wie es mir die Hilde sagt –

HILDE Jetzt redst du, weilst du blau bist.

OTTO Das werst du wissn, ob ich blau bin. – Das muß auch einmal alles gsagt werdn, daß er sich auskennt.

FRITZ Ebn.

HILDE Gehts jetz schlafn, is gscheiter, redts morgn weiter, da habts auch Zeit.

OTTO Morgn werd garbeit, gell Fritz?

FRITZ Genau.

OTTO Ich hab es mir so denkt, daß du den Friedhof übernimmst, und ich bleib bei der Privatkundschaft. – Praktisch ghört der ganze Friedhof mir. Allein geht es nicht mehr. Eine Hilfe hätt man sowieso braucht, und bevor man wen nimmt, den man nicht kennt, is es so besser.

HILDE Du hast praktisch eine freie Hand Fritz, und das muß dir auch liegn, das Dekorative, hab ich denkt.

FRITZ Werds es schon sehn, wie ich das mach.

OTTO Ein Familienbetrieb ham mir uns denkt, weil das heut das einzig Rentable is. – Du hast also jede Chance, die wost brauchst, jetz kommt es nur auf dich an. – Mir ham ein Mitleid ghabt, weil der Entschluß nicht einfach war.

HILDE Was redst denn soviel, glaubst, daß der Fritz das nicht weiß.

FRITZ Ich weiß alles, genau.

OTTO Ich will nur, daß Klarheit herrscht, sonst nix.

VI

Im Treibhaus. Tag. Fritz sitzt auf einem Ballen Torfmull, schwitzt.

MITZI *bei der Arbeit mit Blumen:* Das kenn ich auch diese Beschwerden, wie ich hier angfangt hab. Wo ich den ganzen Tag herin bin und den Verkauf mach, strengt das schon an.

FRITZ Ja, draußn gehts, aber da herin, wo die Hitz is.

MITZI Das is jetz noch gar nix. Im Hochsommer werdns schaun. Aber im Winter is es wieder angenehm.

FRITZ Die Temperatur da herin müssert gleichmäßig sein.

MITZI Is sie aber nicht, das werdn sie schon sehn.

Pause.

FRITZ Helfns mir hinaus, da herin erstick ich.

MITZI Gsund schauns wirklich nicht aus. *Sie läuft zur Tür, ruft hinaus:* Otto! Kommen Sie her! Ihrem Bruder is schlecht! – Tief atmen, is das Wichtigste!

OTTO *kommt:* Was is?

MITZI Da, ihrm Bruder is schlecht.

OTTO Mein Schwager is das, nicht der Bruder. – Was hast?

FRITZ Keine Luft krieg ich nicht. Schwitz!

OTTO Schwitzn is doch üblich bei dir!

MITZI Ein Kollaps vielleicht!

FRITZ Schluckn geht nicht.

OTTO Warum? –

FRITZ Wie zu.

OTTO Machstn Mund auf.

FRITZ Aaaa.

OTTO Mandeln wie Batzn. – Das sind die Mandeln. Wirst eine Grippn habn. Gehst hinein Fiebermessn, dann wissn mir es. – Bist jetz ebn überempfindlich wie die Weiber. Das is es.

MITZI Ein Schmarrn. Zum Doktor geht er.

FRITZ Kein Doktor, weils das nicht braucht.

OTTO Das wern mir schon wissn. – Brauchst dich nicht ind Hosn scheißn Fritz, das schaukeln mir schon. Machns lieber weiter!

MITZI Wenn ich es wär, ich tät zum Doktor gehn.

OTTO Fiebermessn geht er. In der Schublad in der Küch is er. Wegn einer Grippn braucht keiner ein Doktor.

MITZI Ich tät gehn.

OTTO Sie verstehn doch von dem gar nix. Das machn mir Männer unter sich aus.

Er hilft Fritz hinaus.

VII

Schlafzimmer. Nacht.

OTTO Das sind jetz die Schwierigkeitn, wo auftauchn, da hast es. Jetz steht man da.

Kurze Pause.

HILDE Wenn jemand krank wird, dann kann er nix dafür, das hätt einem mit jedm andern Arbeiter auch passiern können. Bei einer Grippn is nix dabei, das gibt sich.

OTTO Das gibt sich nicht, werst es sehn, was ich jetzt sag. Das bleibt ihm, was er hat.

HILDE Man darf nicht immer gleich schwarz sehn, das führt zu nix. *Kurze Pause.* Früher war er natürlich anders, das ist klar. – Daß du das nicht verstehst.

OTTO Ein guter Arbeiter war er früher, wost weit hast suchn müssn, daßd wieder so ein findst, wenn das mit der Veranlagung nicht hätt sein müssn.

HILDE Ebn.

OTTO Aber jetz is er kein guter Arbeiter auch nicht mehr. So was hat Folgn auf den ganzn Menschn. Jetzt is der Organismus gestört.

HILDE Ich sag nicht, daß es keine Folgn auf die Menschn hat. Man muß es nur einsehn.

Pause.

OTTO Wenn er gwußt' hätt, wie es ausgeht, hätt er es sich überlegt, ob er nicht aufhört. Dann hätt er es lassn, wie es noch an der Zeit war.

HILDE Ein Kreuz war es immer mit ihm. Das war schon, wie mir noch Kinder warn.

OTTO Bei dir auch?

HILDE Bestimmt nicht, wo ich seine Schwester bin.

OTTO Von welchm Alter an?

HILDE Das weiß ich nicht mehr. Aber seit ich mich erinnern kann. Einmal hat ihn der Papa bei die Sauerein erwischt, da hat er am nächstn Tag gar nicht ind Schul gehn können, so blau hat ihn der Papa gschlagn. Aber es hat nix gnutzt.

Pause.

OTTO Daß ausgerechnet mir so was jetz aus der Näh erlebn.

HILDE Wenn mir ihn nicht gnommen hättn, daß er eine Familie hat, hätt er sich vielleicht umbracht.

Pause.

OTTO Is nicht das Schlechteste für so ein, das Umbringen.

HILDE So darf man über ein Menschn nicht urteiln, noch dazu, wo er mein Bruder is.

OTTO Drum hat man ja auch beide Augn zudruckt, oder glaubst, daß man das gern tut.

HILDE Leicht is es nicht, aber es is gut, Otto, daß man sich dazu hat durchringen können. Jetzt is er ein anderer Mensch und deswegn is alles anders jetz.

Pause.

OTTO Ich versteh es überhaupts nicht, daß einer so eine Veranlagung hat, daß er ein Sexualverbrecher is.

HILDE Das is mein Bruder auch nicht, das steht nicht einmal in die Aktn drin, was du sagst. Rückfällig is er immer wordn, das war sein Fehler.

OTTO Das sagst auch bloß, weil er der Bruder von dir is.

HILDE Deswegn sag ich es nicht.

OTTO Ein Auszieher sein vor die andern Leut auf der offenen Straßn, ein Exibizionirer, oder wie es heißt, weil das kein Sexualverbrecher is!

HILDE Aber er hat nie jemandn angegriffen und is nicht tätlich gewesn nie.

OTTO Eine Hand braucht man ja schon zum Onanieren, wenn man ein Auszieher is. – Ich hab überhaupts nie onaniert.

HILDE Red nicht so Otto, das ghört sich nicht.

OTTO Warum hams ihm denn in Sicherheitsverwahrung tan und hättn ihm nimmer auslassn, wenn er sich nicht hätt der Operation unterzogn?

HILDE Weil er es ebn nie hat lassn können, nachdem er wieder auf freiem Fuß gwesn is. Die Leidnschaft is immer wieder mit ihm durch.

OTTO Das is keine Leidnschaft, das is unnormal und sonst nix.

HILDE Aber jetz is er ebn ein anderer Mensch. Das muß man sich immer vor Augn haltn.

Pause.

OTTO Jednfalls hast du mir die Sach einbrockt, und wenn etwas is, nachad is es deine Schuld.

HILDE Jetzt muß er erst einmal wieder gsund werdn, dann sieht man weiter. Wo er im Gfängnis immer Gartnarbeitn gmacht hat, is das kein Problem, daß er sich einarbeit.

OTTO Jednfalls is er gezeichnet, das liegt jetz auf der Hand. Das geht an eim Menschn mitnichten spurlos vorbei, verstehst?

HILDE Gespenster sehn, das kannst, wo er jetz neu anfangt.

OTTO Hoffn mir es.

HILDE Jetzt hat er eine Grippn und sonst gar nix, und in drei Tag is er wieder gsund und arbeit, da wirst schaun.

OTTO Eine Grippn kann man es auch nennen, aber jetz ham mir ihn da. Eingredt hast du es mir.

HILDE Man kann in ein Menschn nicht hineinschaun.

OTTO Das brauchts auch gar nicht, bei so eim.

HILDE Jetz schlafn mir und redn uns nicht in die Hitz.

Otto schweigt.

HILDE Man muß abwartn. Gute Nacht.

OTTO Gute Nacht, gleichfalls.

VIII

Fritz' Zimmer. Tag. Fritz liegt im Bett.

OTTO Mir ham es überlegt, Fritz, es geht nicht anders. Du mußt zu die Ärzt, wo dich kennen, untersuchn lassn, was dir fehlt. Bei dir weiß man nix, da kann es alles sein.

FRITZ Das is eine Grippn, wo weggeht.

OTTO Das sagst du, und ich glaub es auch.

HILDE Ich glaub es auch.

OTTO Ebn, aber glaubn heißt nix wissen. Wenns stimmt, nachad is eh nix dabei. Aber wennst überlegst, was das für Schwierigkeitn sind, wenn etwas mit dir is, dann verstehst es.

FRITZ Glaubst, ich stirb, wegn einer Grippn?

OTTO Er laßt sich nix sagn.

HILDE Das is die Verantwortung, Fritz, die wo man nicht tragn kann.

Pause. Lassn mir ihn halt noch ein bißl, wenn er es unbedingt will.

OTTO Ein Kranker braucht eine Pflege, und es geht nicht, daß du den ganzn Tag da herin bist. Mir ham eine Arbeit. Und überhaupt jetzt, wo er eh schon liegt und ausfallt.

FRITZ Brauchts euch nicht kümmern. Ich steh auf, wenn ich was brauch.

HILDE Das kommt überhaupt nicht in Frage. So hat es der Otto nicht gemeint, er macht sich nur Sorgn.

OTTO Genau.

FRITZ Bleib eh liegn. Nur aufn Abort oder so.

OTTO Bring ihm den Topf, dann kann er da.

FRITZ Und ein Tee. Durscht hab ich.

OTTO Aber schick dich. Ich bin im Treibhaus. Anschließend fahr ich auf den Friedhof, nimm die Mitzi mit, daß was gschieht.

Ab.

HILDE Komm gleich. Mach dann für die Mitzi den Barverkauf. Dann kann man nach ihm schaun. – Deck dich zu, zudeckn is das Wichtigste, sonst kannst eine Lungenentzündung kriegn.

FRITZ Morgn bin ich wieder dabei.

HILDE Der Otto meint es nicht so, aber er macht sich Sorgn, weil dir vielleicht was anderes fehlt.

FRITZ Eine Grippn, sonst nix.

HILDE Mit vierzig Fieber.

FRITZ Aber das geht vorbei. Glaubst, wo ich das alles jetz überstandn hab, tät mich eine Grippn umschmeißn? Da kennst mich aber schlecht, was ein Mensch wie ich aushalt.

IX

Schöne Gegend hinter Schliersee. Sonnenschein. Parkplatz. Hilde richtet ein Picknick auf einem Rastplatztisch, Susi und Martin spielen, Otto zeigt Fritz die Gegend.

OTTO Damitst auf ein andern Gedankn kommst, wost jetz wieder gsund bist. Machn mir ein Ausflug, hab ich zur Hilde gsagt, daß er was sieht.

FRITZ Genau.

OTTO Daßd was siehst von der Welt. Das is die Rotwand da hintn, und das is die Rückseitn von der Brecherspitz, wos im Winter ein Skiabfahrt ham, und wennst kein Dunst hast, siehst auf der österreichischn Seitn den Schinter.

HILDE Wennst früher auch manchmal an solcherne Plätz gfahrn wärst, statt was anderes machn, wär vielleicht besser gwesn.

FRITZ Wo ich nicht Skifahrn kann.

OTTO Ein Genuß is es trotzdem, die Berg.

FRITZ Wenn man genau schaut, sieht man den Berg im Dunst.

OTTO *schaut:* Nix sieht man, weil es nicht klar is.

FRITZ Wenn ich genau schau, seh ich was!

OTTO Nix siehst, weil ich auch nix seh.

HILDE Tuts jetz essn! Susi, Martin, Essn gibts.

Die Kinder kommen, sie setzen sich an den Tisch, essen. Pause.

HILDE Schmeckts?

OTTO Freilich, warum denn nicht.

Sie essen.

HILDE Da schauts hin, da kommt ein Flieger.

OTTO Ein Seglflieger is das, der fliegt mit dem Wind!

HILDE Ja, mäuschenstill fliegt der.

Susi schüttet beim Schauen Himbeersaft aus.

HILDE Schau, was du gmacht hast, weilst nicht aufpassn kannst!

Otto wischt ihr eine.

Susi heult.

HILDE Iß ordentlich, dann passiert so was nicht. Schau den Martin an, wo er kleiner ist!

OTTO Hör plärrn auf, sonst fangst noch eine!

Susi heult weiter.

OTTO Dann plärrst, wennst willst! Brauchst weniger bieseln! *Pause.* Wenn mir gessn ham, fahrn mir weiter. Im Bräustüberl in Tegernsee kehrn mir noch ein, gell Fritz!

FRITZ *lächelt:* Genau!

HILDE Tuts gscheit essn! *Zu den Kindern:* Daß man im Wirtshaus kein Hunger hat!

X

Wirtshaustoilette. Abend. Otto und Fritz stehen an den Pissoirs und bieseln.

OTTO Das treibt, das Bier!

FRITZ Genau.

OTTO Aber unter den Tisch tät ich dich glatt hinuntersaufn. Ich hab drei Maß und du eine.

FRITZ Ich soll nicht viel trinkn, ham die Doktor gsagt.

OTTO Mir macht es nix aus, das Trinkn.

FRITZ Ich halt mich an das, was die Doktorn sagn.

OTTO Wenn man einmal mit die Doktorn anfangen muß, is es schon nix mehr.

FRITZ Wo ich nicht krank bin, is das was anderes bei mir.

OTTO Ich mein nicht dich, sondern ich mein es ganz allgemein. – Hat das weh tan, diese Operation?

FRITZ Nein, weil ich eine Narkose ghabt hab.

OTTO Und wiest aufgwacht bist?

FRITZ Da hab ich Medikament ghabt. Ein Schmerz is schon, weil es ebn eine Operation is, aber mehr nicht.

OTTO Ich glaub, daß ich mich umbringen tät, wenn es mir so gehn tät.

FRITZ Man darf die Flintn nicht ins Korn schmeißn.

OTTO Ich denk mir, das is so, wie wennst keine Füß mehr hast.

FRITZ Bestimmt nicht.

OTTO Ich denk ebn darüber nach, wenn ich dich seh.
Fritz hat ausgebieselt, er will seine Hosntürl zumachen.
Jetzt sei nicht gschamig, laß einmal anschaun, wenn man schon davon redt. – Da wird man das auch einmal an-

schaun dürfn, wenn man schon sonst alles mitmacht, wos einen nix angeht.

FRITZ Schaust ebn, wennst es willst.

Er läßt Otto seine Genitalien anschaun.

Otto schaut.

FRITZ Eh nix zum Sehn, oder?

OTTO Genau, direkt raffiniert!

FRITZ Wenn man nicht so genau hinschaut und es nicht weiß, fallt es einem gar nicht auf, oder?

OTTO Eh nicht.

Fritz kleidet sich zu.

OTTO *macht eine Bewegung:* Aber tauschn tät ich trotzdem nicht, glaubst?

XI

In der Küche. Mittag. Alle beim Mittagessen.

MARTIN Zirkus!

SUSI Zirkus Busch Berlin und Zirkus Roland Bremen! Doppelzirkus! steht auf dem Plakat.

Kurze Pause.

HILDE Tuts essn und redts nicht!

MARTIN Zirkus!

OTTO Brauch kein Zirkus. Hab mir daheim genug Zirkus!

FRITZ In einem Zirkus war ich lang nimmer.

Kurze Pause.

OTTO Wenn mir in ein Zirkus gehn, dann in Krone.

Pause.

SUSI Da tät auch eine Nachmittagsvorstellung sein, wo Kinder allein hindürfn!

HILDE Allein in die Stadt fahrn! Kommt überhaupt nicht in Frage. Was da passiern kann, und in die Nachmittagsvorstellungen passn die Kindsverführer!

OTTO Braucht man gar nicht redn.

SUSI Dann gehts ebn mit, Papa.

Kurze Pause.

FRITZ Ich geh mit euch in Zirkus!

HILDE Was das kost!

FRITZ Muß auch einmal was tun für eure Kinder.

OTTO Das brauchts nicht, da legn mir kein Wert drauf.

Kurze Pause.

SUSI Ich geh aber mit dem Onkel Fritz!

Kurze Pause.

OTTO Wenn, dann gehn mir alle. – Und jetz is eine Ruh! *Pause.* Wennst du dir ein Motorradl kaufn willst, tät ich mit meim Geld vorsichtiger umgehn.

FRITZ Das kann ich mir schon leistn!

Pause.

OTTO Dann willst es wirklich kaufn, das Motorradl?

Pause.

Wennst bar zahln könntst, dann wär er zum Druckn.

FRITZ Wo er mir den Kredit verschafft, muß ich froh sein. Ein Prozent Zins is nicht viel im Monat.

OTTO Weilst nicht weiterdenkst. Das sind 12 im Jahr. Bei der Bank zahlst 8.

FRITZ Bei der Bank sind zuviel Formalitätn, da komm ich nicht durch.

Pause.

OTTO Zu was du ein Motorradl brauchst, das möcht ich wissn.

FRITZ Der Mensch braucht ein beweglichn Untersatz.

OTTO Wenn man sich nix sagn laßt.

FRITZ Du hast ein Auto.

OTTO Für den Betrieb, weil ich es mir leistn kann.

FRITZ Ein Motorradl kann ich mir auch leistn.

Pause.

OTTO Wenn ich will, könnt ich dir das Geld bei der Bank beschaffn.

FRITZ Wennst es willst.

OTTO Ich wer es mir überlegn.

XII

Im Treibhaus. Tag.

MITZI Das hab ich Ihnen besorgt, wie ich Ihnen versprochn hab. Das Büchl vom Arbeitsamt. *Liest die Überschrift der Broschüre:* Das können Sie für Ihre Zukunft tun!

FRITZ Ja, dankschön.

MITZI *liest:* Wenn Sie einen Beruf haben, der keine besondere Ausbildung voraussetzt, können Sie ... durch eine Einarbeitung im Betrieb in eine qualifizierte Tätigkeit aufsteigen. Seite vier bis sieben. *Sie blättert.* Herr D. war bisher als Bauhelfer tätig. Er nahm an einem zwölfwöchigen Lehrgang für Baumaschinen teil. Vom Arbeitsamt erhielt er für diese Zeit ein Unterhaltsgeld, das in seinem Fall 90% seines letzten Nettolohnes betrug. Außerdem wurden ihm Lernmittel, Lehrgangskosten und Arbeitskleidung gezahlt. Heute arbeitet er als Baggerführer. – Da nehmen Sie es mit und schauns sich an. Ich könnt eine Krankenschwester werdn, wenn ich wolln tät, steht drin.

FRITZ *nimmt das Heft:* Dankschön. – Möglichkeitn gibts schon, das is klar.

MITZI Ebn, man muß nur seine Fühler ausstreckn, dann findt sich schon etwas.

FRITZ Das kommt schon noch, das is jetz bloß der Anfang, bis nämlich alles leichter geht.

MITZI Da können Sie schon mit offene Kartn mit mir spieln, weil daß Sie im Gfängnis warn, das weiß ich schon.

FRITZ Das können Sie gar nicht wissen –

MITZI Aber ich weiß es, oder glaubns, ich bin blind?

Kurze Pause.

FRITZ Dann wissn Sie es ebn, glaubns, daß mir das was macht, weil Sie es wissn?

MITZI So mein ich es nicht, aber ich denk mir, wenn man nichts tut, dann wird man auch nicht eingsperrt. Nur, wenn man nix weiß über jemand, dann malt man sich meistens was Schlimmeres aus, als wirklich gwesn is. Das is der Nachteil.

FRITZ Das is mir gleich.

Pause.

MITZI Sie nehmen alles, was man sagt, negativ, das is falsch, weil man es womöglich ganz anders meinen kann. *Pause.* Wie ich Sie zum ersten Mal gesehn hab, weil Sie der Otto vorgestellt hat, da hab ich mir gedacht: das is ein netter Mensch. Ich tät schon an Ihnen interessiert sein, verstehn Sie.

FRITZ Dankschön jedenfalls, daß mir das Büchl mitbracht ham.

MITZI Ebn. Gern gschehn. *Pause.* Vielleicht tätn Sie auch als Wichtigstes ein Urlaub brauchn. Eine Luftveränderung, heißt es, die kann Wunder wirkn.

FRITZ Eine Sommerfrisch tät mich schon interessiern, das stimmt.

MITZI Beim amtlichn bayrischn Reisebüro gibts Pauschalreisn. Vierzehn Tag Costa del Sol mit Vollpension und Flug dreihundert Mark oder so.

FRITZ Dreihundert Mark is nicht viel.

MITZI Bestimmt nicht. Ich hab daheim ein Büchl, da stehn die ganzn Reisn drin, das kann ich Ihnen morgn mitbringen, wenn Sie es anschaun wolln.

FRITZ Doch, anschaun möcht ich es schon. Anschaun kost ja nix.

XIII

Schöne Gegend. Tag. Fritz und Mitzi am Wegrand im Gras, Nebenstraße, dabei das Motorrad, Hercules 250 ccm.

MITZI Aber in der Liebe bist ein bsonderer. Hab ich da recht, wenn ich das behaupt?

FRITZ Nix wie Fragn hast.

MITZI Weil ich es ebn wissn will. – Aber aufdrängen tu ich mich deswegn nicht, weil ich das nicht notwendig hab.

FRITZ Verlangt ja niemand.

MITZI Und liegn tut mir das Aufdrängen auch nicht. Aber redn will man halt.

FRITZ Ebn, das Redn is das, was ich auch mag. Wennst allein bist, dann hast niemand, mit dem wost redn kannst. Aber wenn man alles wissn will, erregt man auch Verdacht.

Pause.

MITZI Aber ein Warmer bist keiner?

FRITZ Bestimmt nicht.

MITZI Wennst nämlich ein Warmer wärst, dann wärs aus mit uns, weil ...

FRITZ Wenn ich sag, daß ich kein Warmer bin, dann brauch ich da auch keine Rederei drüber, verstehst!

MITZI Ich frag ja bloß. – Was bist denn nachad? Wenn man fragn darf.

FRITZ Was willstn nachad habn, daß ich bin?

MITZI So, wie ich mir vorstell, daß du sein könnst, bist sowieso nicht, und deswegn frag ich auch nicht lang danach.

Kurze Pause.

FRITZ Das is auch eine Feigheit, so eine Angst.

MITZI Ich will es mir nicht verderbn mit dir.

FRITZ *nickt. Pause.* Ein Sadist bin ich, daß du es weißt.

MITZI Ja?

FRITZ Ja, das bin ich, wennst es genau wissn willst.

MITZI Dann hab ich da ein Bericht glesn in der ›Quick‹ über die Sadistn. – Das tät ich nicht machn, weil ich das nicht mag.

FRITZ Wer mag das schon, und tut es trotzdem.

MITZI Ich tät es nicht, da kannst Gift drauf nehmen. – Und wie hast es gmacht, wennst es gmacht hast?

FRITZ Was stehtn in der Zeitung?

MITZI Daß mit der Peitschn auf ein einhaun, und wenn sie das Blut sehn, dann können sie den Verkehr ausübn.

FRITZ Das kenn ich.

MITZI Hast das auch gemacht.

FRITZ Freilich, warum denn nicht!

Pause.

MITZI Man kann schon etwas tun für wen, der ein interessiert, aber das geht zu weit, denk ich.

FRITZ Es war auch anders bei mir, wennst es wissn willst.

MITZI Freilich will ich es wissn, glaubst, daß ich sonst da wär, wenn ich es nicht wissn tät wolln.

FRITZ Das gfallt mir eh, daß man mit dir redn kann, glaubst, daß ich das nicht zum Schätzn weiß?

MITZI Wenn man es zum Schätzn weiß, dann muß auch eine Ehrlichkeit da sein, weil, sonst, gilt das alles nichts.

FRITZ Genau.

MITZI Dann erzählst ebn, wennst schon weißt, daß ich alles vertragn kann, was du sagn kannst.

FRITZ Das is der ausschlaggebende Punkt für mich. – Zuerst ham sie sich ausziehn müssn. Dann hab ich sie gstochn.

MITZI Mit was?

FRITZ Mit einer Stecknadl!

MITZI Wo?

FRITZ In den Busn und in Bauch!

MITZI Und dann tät ich noch wissn wolln, wie weit daß du gstochn hast.

Pause.

FRITZ Bis daß es Blut kommen is.

MITZI Und dann? *Kurze Pause.*

FRITZ Dann hab ich es Blut aufgeschleckt und dann is es mir kommen. *Pause.* So is es gwesn. *Pause.*

MITZI Und deswegn hams dich einkastelt?

FRITZ Genau, wennst es eh weißt.

MITZI Denkt hab ich mir so was, aber wissn tut man ja nix. Aber gedacht hätt ich es mir nicht von deiner.

FRITZ Wie der Mensch is, das weiß keiner, bevor es nicht sicher is.

MITZI Wirklich.

FRITZ Das is halt drin in eim.

Pause.

MITZI Und das hättst mit mir auch machn wolln?

FRITZ Wer weiß.

Pause.

Bei dir is das was anderes.

XIV

Im Freien. Biergarten. Schöner Tag.

MITZI Der Anfang is haarig, das weiß ich schon, wenn man in einer Lage wie der dein is.

Pause. Ich glaub halt, daß das nicht gscheit is, wennst du da bei deine Verwandtn bist, die wo alles wissn. Wo ein keiner kennt und nix von eim weiß, da is man frei. Glaub es mir.

FRITZ Das is leicht gsagt. Wenn man niemanden hat, an den man sich haltn kann, das is auch nix.

Kleine Pause.

MITZI Dem Mutigen gehört die Welt, heißt es. – Das was du da verdienst, kriegst du woanders doppelt.

FRITZ Aber alles frei.

MITZI Das ist trotzdem kein Vergleich.

Pause.

FRITZ Was verdienstn nachad du?

MITZI Eigentlich redt man nicht mit die Kollegn über das, was man verdient, aber dir sag ich es.

FRITZ Wennst es nicht sagn willst, brauchst es nicht zum Sagn.

MITZI Auf 830 komm ich netto, wenn ich 10 Überstundn hab, und das is wenig grechnet.

FRITZ Nachad verdienst mehr wie das doppelte von mir.

MITZI Ebn, das sag ich ja, daß du woanders hin mußt, wo dich niemand kennt, dann kann man dich nicht druckn.

FRITZ Gedruckt wer ich nicht, das tät ich nicht sagn.

Pause. Aber weg tät ich auch wolln, wenn ich es überleg und wenn es leicht gehn tät.

Pause.

MITZI Gefahrn sind überall, damit muß man sich abfindn, wenn man was erreichn will. – Krank wern derfst halt nimmer, weil wennst auf der Nasn liegst, is es schlecht.

FRITZ Das is überstandn, das merk ich.

Pause.

MITZI Vielleicht, wennst es willst, tät ich auch mitgehn mit dir. – Ich tät auch wegwolln, weil dann könnt man sich vielleicht selbständig machn. Ein Kaffeehaus pachtn, oder so.

FRITZ Ein Gasthaus pachtn, das wär schon was, was man sich überlegn müßt. – Glaubst du an mich?

MITZI Genau, ich glaub, daß man mit dir eine Geduld haben muß, dann tätst schon wieder werdn.

FRITZ Das glaub ich auch, aber es kann lang dauern.

MITZI Das tät mir bestimmt nichts ausmachn, weil eine Geduld hab ich schon, das hab ich schon oft bewiesn.

Pause.

FRITZ Tätst wirklich weggehn mit meiner?

MITZI Das müßt man sich ebn überlegn. Interessiert tät ich mich schon daran zeign, verstehst!

FRITZ Ja. *Pause.* Wenn, dann tät ich richtig von vorn anfangen wolln, so wie es das gibt.

Pause.

MITZI Das tät ich auch wolln, weil zum Verliern hätt ich auch nix.

FRITZ Wie alt bistn?

MITZI Schätz.

FRITZ Das Schätzn is so eine Sach bei mir, da hab ich kein Gefühl.

MITZI 39 wer ich.

FRITZ Ich bin 36.

MITZI Dann bist du um zwei Jahr jünger wie ich.

FRITZ Genau.

MITZI Das tät ja kein Altersunterschied sein.

FRITZ Nix is das, wenn man es bedenkt.

Pause.

MITZI Also weg tät ich schon wolln, das weiß ich genau.

FRITZ Da is nachad nix, was dich da haltn tut.

MITZI Nein, da is nix.

FRITZ Bist allein, sozusagen.

MITZI Genau und man muß sich halt nach der Deckn streckn. – Man müßt es halt einmal probiern, ob mir zampassn, dann tät man es wissn. Probiern geht über studiern, heißt es.

FRITZ Das sag ich auch. Wenn man sich nicht versteht ...

MITZI ... genau, nachad kann man sich wieder trennen.

Pause.

FRITZ Aber obst du die Geduld aufbringst, die wo ich brauchn tät.

MITZI *schaut ihn an:* Wennst nicht sadistisch sein kannst, dann kannst es nicht.

FRITZ *nach einer Pause:* Ich soll mich ebn enthaltn, hat der Doktor gsagt, sonst könnt es wieder losgehn, daß ich mich nicht mehr haltn kann.

Kurze Pause.

MITZI Schlimm is das schon, daß mir gar nix nausgeht.

FRITZ Aber ein Menschn habn, das is doch besser, wie kein Menschn habn, oder?

MITZI Das is sicher, daß das besser is, das glaub ich auch.

Pause.

FRITZ Man kann es auch mit der Hand machn, und dann kann man es auch mit dem Mund machn. Da gibt es viele Trix, die man anwendn kann, wo ich mich nicht so erregn muß.

MITZI Genau, es gibt viele Möglichkeiten, und so wichtig is es auch nicht. – Man braucht bloß einen gutn Willn, dann geht alles, was man sich vornimmt.

FRITZ Das tät ich auch sagn.

MITZI Vielleicht wird es mit der Zeit.

FRITZ Genau.

Pause.

MITZI Also, nachad könnt man sagn, daß mir zwei es versuchn wolln.

FRITZ Ja. Prost!

MITZI Prost nachad auf die Zukunft!

Sie trinken vom Bier.

XV

Garten. Tag. Einfahrt, Fritz reinigt sein Motorrad. Otto dabei, rauchend.

OTTO Mit der Mitzi willst du fortgehn, hat sie verlautn lassen. Oder is das ein Witz?

Kurze Pause.

FRITZ Wenn es die Mitzi sagt, nachad wird es schon so sein.

OTTO Daß mir das als zuletzt erfahrn, das is auch sauber.

FRITZ Das muß erst noch alles geplant werdn, das hättn mir schon noch rechtzeitig gsagt.

Pause.

OTTO Das is, weils auf dich steht, die Mitzi, oder? Das nutzt du aus?

FRITZ Überhaupt nicht. Wenn sie mitgeht, dann geht sie ebn mit, das is ihre Sach.

OTTO Hast es eingeweiht in dein Fall?

FRITZ Das war nicht notwendig, weil das überhaupt keine Rolln nicht spielt. Deswegn sind bloß Andeutungen gewesn, das hat glangt.

OTTO Wenn die Umgebung was erfahrt, dann is es aus, das weißt, dann kann dir niemand mehr helfn.

FRITZ Da erfahrt niemand was, außerdem gehn mir eh weg.

Pause.

OTTO Sagn tu ich dir jetz besser nicht, was ich denk. Aber das kannst wissn, daß die Hilde und ich uns gsagt ham, daß, wenn einer so was zulaßt, nachad muß es sein Ernst sein, so eine Operation, weil das ein Blutopfer is. Er ist ein anderer Mensch, jetzt gibt man ihm eine Chanse. *Kurze Pause.* Aber eine Dankbarkeit scheints, kennst du nicht.

FRITZ Genau kenn ich eine Dankbarkeit, aber mir pachtn ein Gasthaus oder so was.

OTTO Weil dir das einer gibt.

FRITZ Das braucht mir keiner gebn, sondern der Mitzi.

Pause.

OTTO Und von wem laßt es befriedign?

Pause. Glaubst, die halt still auf die Dauer?

FRITZ Dann mach ich es ihr ebn mit der Hand, wenn es sein muß.

OTTO Weil das was ausgibt.

FRITZ Nachad gibt es noch künstliche in alle Größn, das geht auch.

OTTO Am Anfang gfallt ihr das, weil es neu is. Dann gehts fremd, weil es auf das Gefühl ankommt.

FRITZ Es gibt aber gefühlsechte, außerdem is das bei uns anders, aber das verstehst du nicht.

OTTO Genau versteh ich das, ich bin doch nicht dumm. Ich kenn mich aus, das kannst glaubn.

FRITZ Des is mir auch wurscht.

Kurze Pause.

Man muß es probiern. Dem Mutign gehört die Welt, verstehst! *Pause.*

OTTO Vielleicht. Aber, wennst es genau überlegst, Fritz, da tät ich vorsichtig sein, wenn ich als Freund red. Verstehst? Und überhaupt: wenn man es erfahrn darf, warum willstn überhaupt fort? Fehlt dir was?

FRITZ Wenn man sich verbessern kann, dann probiert man es ebn.

OTTO Aber an uns denkst nicht, das schaut dir gleich.

FRITZ Warum?

OTTO Weilst keine Dankbarkeit hast in nix. Da hat man Ausflüg gmacht wegn deiner, daß du auf andere Gedankn kommst und eine Kraft kriegst, da hat man dich gsundpflegt, wiest auf der Nasn glegn bist, und das billige Geld für das Motorrad hab ich dir auch beschafft und den Bürgn gmacht.

FRITZ Das Geld wird abzahlt, das garantier ich.

OTTO Einer wie du kann leicht was garantiern, das is keine Kunst. Aber ich hab die Tatsachn. – Nie is ein Wort gfalln über deine Vergangenheit, oder kannst dich erinnern, man hat dich behandelt wie einen eigenen Bruder, weil man es gut mit dir gmeint hat. – Und was is die Antwort auf das alles: im Stich laßt ein, da hat man es dann.

FRITZ So mein ich es aber nicht Otto. Ich brauch bloß meine Freiheit, ich hab es überlegt, dann is alles anders.

OTTO Als obst du eine Freiheit brauchn tätst, wost eh alles hast. Und wenn dir was fehlt, dann sagst es ebn, dann werdn mir es beredn und richtn.

FRITZ Wenn mir aber nix fehlt.

OTTO Dann versteh ich es nicht, daß du uns im Stich laßt. *Pause.* Überleg es selbst einmal, Fritz, dann kommst schon drauf. Man will, daß du dableibst und doch wohl fühlst, aber gut, du willst weg. Da soll man niemandem dreinredn, und ihn machn lassn was er will. *Kurze Pause.* Aber das eine sag ich dir, daß du da die Mitzi unter Vorspiegelung falscher Tatsachn mit von uns wegziehn willst, das is eine Gemeinheit und sonst gar nichts. – Laß es mich ausredn, was ich zum sagn hab: Wennst du weggehst, bist weg, und wenn die Mitzi mitgeht, dann hab ich auf den Schlag zwei Leut weniger im Betrieb, auf die ich gebaut hab. Dann kannst mir vielleicht erklärn, wo ich da ein Ersatz hernehmen soll in der Zeit! Wos nirgends Leut gibt!

FRITZ Wenn die Mitzi mitgehn will, dann kann man sie nicht haltn, dann muß man ihr den Willn lassen.

OTTO Ihr sollts dableibn, das sag ich, weil das vernünftig wär. Aber wenn es dir schon hier bei mir nicht paßt, bitte, dann gehst ebn, aber die Mitzi, die laßt da, weil ich die im Betrieb brauch, wo ich sie seit acht Jahr hab, und du keine Frau mehr brauchst. Laß die Mitzi da, ich mein es gut mit dir, das geb ich dir schriftlich.

FRITZ Wenns mit will, gehts ebn mit.

OTTO Aber du hast kein Recht in deiner Lage, daß du jemanden mitnimmts, überhaupt kein Recht hast du, zu nix, froh sein mußt, wenn man sich mit deinesgleichn abgibt und nachad mußt dich nach der Decke streckn und nicht andere Leut ihre Arbeiter wegnehmen. – Die Mitzi brauch ich, und du hast das zum Respektiern, verstandn. Ein Mann in deiner Situation macht seinen Weg allein. Laß da.

FRITZ Sie will mit, und das interessiert mich.

OTTO Aber mich nicht. Überhaupt nicht. Du hast kein Recht auf nix, wennst gehn willst und es dir nicht sagn laßt, bitte, keiner halt dich, aber die Mitzi ghört zum Betrieb, und die bleibt, verstandn.

FRITZ Ich hab auch ein Recht!

OTTO Du hast kein Recht. Auf nix. – Das wird sich feststelln lassn, ob einer wie du ein Recht hat!

XVI

Im Schlafzimmer. Nacht.

OTTO Wenn ich ihn anzeign tät mit der Gschicht, dann tät er aber schaun.

Pause.

HILDE Das is seine Sach.

OTTO Das is nicht seine Sach! Das is die Sach von uns alle, was er sich ausdenkt!

Pause.

HILDE Wennst so was tust, dann hätt das Folgn für mich.

OTTO Willst mir drohn?

HILDE Ja.

OTTO Aber wenn seine Instinkte wieder durchbrechn, was bewiesn is, nach der Gschicht, nachad stimmt etwas nicht! Dann is er nämlich kein neuer Mensch sichtlich, sondern ein Sexualverbrecher wie immer.

HILDE Ein Sexualverbrecher is er nie gwesn, weil er nur onaniert hat!

OTTO Das is nachad gleich, weil das das gleiche is.

HILDE Aber so ein Wort nimmt man nicht in den Mund!

OTTO Eine Empfindlichkeit is das!

Lange Pause.

HILDE Hast es doch erzählt, wiest es mit die eigenen Augn gsehn hast, daß es weggschnittn is.

OTTO Genau hat man es nicht erkennen können, weil es nicht hell genug war. Und da is auch kein Verlaß drauf!

HILDE Du spinnst ja, Otto, weg is weg, glaubst, da braucht man dich dazu, daß man das erkennen kann!

OTTO Ich hab meine Erfahrungen. Bei die Schweine gibt es das. Da kommt der Sauschneider und schlitzt den Sack auf, daß die Hodn außer gehn. Und da gibt es Fälle, wo die Hodn nicht außer gehn, wies sein soll, sondern die ziehn sich in den Bauch hinein. Verstehst? – Das is eine automatische Reaktion, der Selbsterhaltungstrieb, und dann wachst das zam und merkn tut man den Fehler erst beim Schlachten. Da is nämlich das Fleisch verdorbn und schmeckt nicht. Es gibt sogar einen Fachausdruck für so was bei die Metzger, so gewöhnlich is das.

HILDE Man muß nicht immer das Schlimmste erwartn, sag ich dir.

OTTO Ich zeig bloß auf, was möglich is, damit du dir ein Bild machn kannst.

HILDE Man soll nicht immer schwarz sehn. – Und dann is er auch mein Bruder.

OTTO Drum überleg ich ja auch bloß.

Pause.

Aber daß er sich an die Mitzi herangmacht hat, das is komisch, das muß man zugebn, wenn man Verstand hat.

Kurze Pause.

HILDE Jeder Mensch braucht ein Menschn, das is logisch.

OTTO Dann soll er sich an uns haltn, das is gscheiter!

Pause.

In das Unglück rennen, das laß ich die Mitzi jednfalls nicht. Wenn er die Sach weiterbetreibt, nachad zieh ich alle Register.

Kurze Pause.

HILDE Was du vielleicht mit der Mitzi umeinandertust, das möcht ich gern wissn.

OTTO Die Mitzi ghört zu meim Betrieb, und da brauch ich sie, und mit so einem laß ich sie schon gleich gar nicht weg. So einer wie der Fritz hat eine Ruh zu gebn und sich zu fügn, aber nicht über anderer Leut Kopf weg eigene Weg gehn.

Pause.

HILDE Geschmackvoll is es nicht, das find ich schon auch vom Fritz.

OTTO Genau. Aber da braucht man sich keine Sorgn machn, daß das durchgeht, was er sich einbildt. Da hat er sich nämlich verrechnet und sonst gar nichts.

HILDE Aber eine Form muß gewahrt bleibn, Otto, wo er mein Bruder is.

OTTO Davon red ich ja. Da brauchst keine Angst habn. Glaubst, daß ich ein Aufsehn will?

HILDE Ebn, das mein ich auch.

Pause.

OTTO Jetz schlafn mir.

HILDE Ja, morgn is auch ein Tag. Gute Nacht!

OTTO Gute Nacht!

XVII

Am Haus. Tag. Fritz, in Motorradmontur, packt seinen Koffer auf den Gepäckträger. Hilde, Otto und die Kinder dabei. Nach einer Pause.

HILDE Tu uns einmal schreibn!

FRITZ Ja. – Dankeschön für das, was ihr für mich tan habts.

OTTO War selbstverständlich.

Pause.

HILDE Willst nicht doch lieber dableibn Fritz? Ich tät es mir noch einmal durch den Kopf gehn lassn. In Ruhe.

FRITZ Was man sich ausdenkt, das muß man durchführn.

HILDE Wennst willst, Fritz, kannst jederzeit wieder zurückkommen.

OTTO Ja.

HILDE Schreibst ein paar Zeiln vorher, oder rufst an.

FRITZ Einen Besuch mach ich, wenn ich in der Gegend bin. – Also nachad, auf Wiedersehn!

OTTO *ruft zum Treibhaus:* Mitzi! Der Fritz sagt jetzt auf Wiedersehn.

MITZI *kommt heraus:* Jetz hätt ich es beinah verpaßt. Auf Wiedersehn und vielleicht besuchn Sie uns einmal, wenn Sie in der Gegend sind.

FRITZ Genau, dann schau ich vorbei. Auf Wiedersehn!

Er besteigt das Motorrad, läßt es an.

HILDE Fahr vorsichtig Fritz, daß dir nix passiert. – Überleg es dir lieber noch einmal.

FRITZ Is schon alles ausgemacht. Ich darf gehn. Wenn ich wo ankomm, muß ich mich bloß wieder meldn.

MITZI Ich tät es auch überlegn, wenn ich Sie wär. Wo man jetz die Wahrheit weiß.

FRITZ Das sind ebn Wirklichkeitn, da muß man sich abfindn. Die Freiheit muß man ausnützn, wenn man sie hat.

MITZI Man soll nicht mit dem Kopf durch die Wand.

FRITZ Das brauchts auch gar nicht. Wenn ich allein bin, fahr ich hundertzwanzig, zu zweit bloß hundert.

HILDE Paß lieber auf.

FRITZ Woanders is es ganz anders.

OTTO Da is es das gleiche.

FRITZ Wer wagt, gewinnt! Machts es gut! Auf Wiedersehn!

Er fährt ab. Man winkt, vor allem die Kinder.

Kurze Pause.

HILDE Jetz is er weg. Kann man nicht haltn, wenns einer besser wissn will.

OTTO Is besser. Das war nix gscheits!

SUSI Fahrt der Onkel Fritz jetz wieder nach Amerika?

HILDE Ja.

Ende

Wunschkonzert

Ein Theaterstück

Das Stück ist der Vorschlag zur Darstellung eines Sachverhaltes, der mir oft in Polizeiberichten aufgefallen ist:
Selbstmord vollzieht sich in vielen Fällen unglaublich ordentlich. Der Selbstmord, dessen Vorbereitungen ohne Übergang aus den täglichen und deshalb als normal erachteten Tätigkeiten heraus passieren, geschieht mit der gleichen Ordnungsliebe, gleich säuberlich, bieder und stumm-trostlos wie das Leben, das ihn verursacht hat.
Das kann viel aussagen über das Leben einiger unter uns, über ihre nichterfüllten Erwartungen, ihre aussichtslosen Hoffnungen, ihre kleinen Träume; das kann ihre Unfähigkeit dokumentieren, sich aus der Sklaverei der Produktion zu befreien, das kann zeigen, daß ihr Leben und Dahinleben dem von Arbeitstieren gleicht.
Wie Tiere projizieren diese Menschen ihre Notsituationen in ihrer Haltung im Stummsein, die ein starkes Maß an Ordnung, an Dulden, an »sich ungefragt einverstanden erklären«, an Ausnutzung und Verbietung bis zur Schwäche und zum Zusammenbruch enthält.
Würde die explosive Kraft dieser massiven Ausnutzung und Unterdrückung sich nicht, leider, gegen die Unterdrückten und Ausgenützten selbst richten, so hätten wir die revolutionäre Situation. So haben wir nur viele Fälle von kleinen, törichten Selbstmorden und Morden, die selbst wieder nur affirmativ funktionieren: die, die so weit sind, daß sie die Kraft und den Mut hätten, »ihr eigen Leben in die Waagschale zu werfen«, liefern sich selbst der Gerichtsbarkeit ihrer natürlichen Feinde aus. Damit säubern sie unfreiwillig die Gesellschaft, gegen die sie klagen. Jetzt sind sie die Angeklagten und verschwinden in den Gefängnissen oder in den Gräbern, was das gleiche sein muß.
Nur so ist es möglich, daß die unmenschliche Ordnung, in der wir leben, aufrechterhalten werden kann und wir weiter darin leben müssen.

Bühnenbild:
Die Bühne stellt naturalistisch ein möbliertes Untermietszimmer dar. Wie in vielen Altbauwohnungen üblich, kann man sich vorstellen, daß die anderen anschließenden Zimmer auch untervermietet sind. Über einen langen Gang gelangt man zur Toilette.
Das Zimmer selbst ist im Gegensatz zu den anderen Räumlichkeiten, die bildlich nur erahnbar sind, besonders säuberlich, bieder, kleinbürgerlich, ordentlich, liebevoll, freundlich und warm eingerichtet.
Für den Zuschauer wird erkennbar, daß in einem Meer von unwohnlichen Hinter- und Hinterhinterhäusern, die zum Wohnen völlig ungeeignet sind, sich jemand mit viel Liebe, Mühe und Geschmack ein Plätzchen geschaffen hat, das von der Umgebung absticht.
Natürlich ist andererseits der »Geruch« von »Neckermann« und »Kunstgewerbe« überall gegenwärtig.

Personenbeschreibung:
Fräulein Rasch ist ca. 40 bis 45 Jahre alt; schwarzhaarig, etwa 1.55 Meter groß, mit noch guter Figur, mit Ausnahme der Beine, die ziemlich dick sind und den Verdacht auf Wasser nahe legen. Ihre Gesichtsfarbe ist dunkel, von jener Bräune, die man nicht als erstrebenswert und schön empfindet, sondern schmutzig nennt. Fräulein Rasch macht einen überdurchschnittlich gepflegten Eindruck, wodurch ihre offenkundige Häßlichkeit zwar nicht ganz verborgen, wohl aber gemildert werden kann.
Vor allem ihre Kleidung verrät viel Auswahl, ist konservativ und von guter Qualität. Man erkennt, daß sie dafür viel ausgibt. Von Beruf ist Fräulein Rasch Angestellte in einer Papierwarenfabrik. In der Abteilung Schreibbedarf »betreut« sie die Briefumschläge.
Ansonsten befinden wir uns in einer Kleinstadt, und Fräulein Raschs monatliches Nettoverdienst beträgt 615,50 DM.

Durch ihre unfreiwillige Jungfernschaft oder, was ähnlich ist, lange unfreiwillige sexuelle Enthaltsamkeit nach einem einzigen, frühen, kurzen, peinlichen und traurigen Fall von Liebe, ist Fräulein Rasch besonders anfällig für Werbung und damit Konsum; soweit ihre finanziellen Mittel das erlauben, zeigt sich das in der Einrichtung, der Kleidung und Pflege der Person deutlich.

Über die Dauer des Stückes:
Da es natürlich nicht darum geht, das Publikum zu provozieren, sondern darum, ihm Einsichten darüber zu verschaffen, wie »armselig« das Leben des Fräulein Rasch ist, muß immer darauf geachtet werden, daß die jeweiligen Tätigkeiten nicht so lange dauern, daß sie für das Publikum langweilig und damit provozierend werden. Wenn der Informationsgehalt einer Tätigkeit erschöpft ist und nur noch Wiederholung bringt, »die sich wiederholt«, sollte man abbrechen, auch wenn das das System des Stückes durchbricht: reale Zeit sei gleich Bühnenzeit. Deshalb stelle ich mir vor, daß das Stück nicht mehr als eine gute Stunde dauert.

An einem beliebigen Werktag kommt Fräulein Rasch nach der Arbeit, nach dem Einkaufen, gegen 18.30 Uhr nach Hause. Sie kommt in die Wohnung, sucht nach ihrer Post, findet nur eine Reklameschrift, nimmt diese, geht zu ihrer Zimmertür, schließt sie auf und tritt ein. Sie legt das Einkaufsnetz mit Lebensmitteln und einer Zeitung auf den Tisch, stellt die Handtasche auf den Stuhl, legt die Reklameschrift auf die Kredenz und schließt ihre Zimmertür.

Sie zieht ihren Mantel aus, hängt ihn über einen Kleiderbügel und an einen Haken an der Tür. Sie entfernt einen Fleck auf dem Rücken des Mantels. Dann geht sie zum Fenster, greift an die Dampfheizung, fühlt, daß sie schön warm ist. Sie zieht vorsichtig den Store beiseite und öffnet das Fenster einen Spalt.

Auf dem Fensterbrett entdeckt sie etwas, das entfernt werden muß, nimmt einen Lappen von der Abflußkrümmung des Waschbeckens und reinigt gleich das ganze Fensterbrett. Sie legt den Lappen zurück und beginnt mit dem Auspacken und Einräumen der Lebensmittel in den Kühlschrank, die Kredenz und den Brotkasten. Dann hängt sie das Netz an den Nagel neben dem Ofen.

Sie zieht sich die hohen Stöckelschuhe aus und stellt sie in den Schrank. Dann zieht sie die Hausschuhe an, die neben dem Schrank stehen.

Von dem Schneiderkostüm, das sie trägt und welches sie gut kleidet, zieht sie die Jacke aus, hängt sie über einen Bügel und in den Schrank. Sie entnimmt dem Schrank eine ältere Strickweste und zieht diese an.

Dann geht sie zum Spiegel neben dem Herd beim Wasserbecken, nimmt die Ohrringe ab, die Halskette und einen Ring. Sie legt diese Schmucksachen in eine Schale auf der

Kommode. Dann geht sie zurück zum Spiegel, schaut sich darin sehr lange an und richtet sich mit Kamm und Bürste die Frisur. Eine Verunreinigung der Haut, die seit dem Morgen stärker geworden ist, wird genau begutachtet, und nachdem sie sich die Hände gewaschen hat, wird diese Stelle mit einer Creme eingeschmiert.

Dann bedient sie den Gasherd und setzt Wasser zum Geschirrspülen auf. Das Geschirr selbst ist wenig. Als Wasserstelle dient ihr das geräumige Waschbecken, das aber nur kaltes Wasser liefert. Sie benutzt es für sämtliche Arten von Waschungen, reinigt es deshalb aber nach jedem Vorgang besonders gründlich.

Sie geht zum Fernseher in der Ecke und schaltet ihn ein. Dann setzt sie sich an den Tisch, nimmt von der Kredenz die Reklameschrift herunter und öffnet sie. Sie liest sie genau und legt sie dann beiseite. Aus ihrer Handtasche auf dem Stuhl nimmt sie Zigaretten Marke »Lord Extra« und ein Feuerzeug und zündet sich eine an. Inzwischen ist der Fernseher warm geworden und sie schaut hin. Es ist Werbeprogramm oder eine andere Vor-Acht-Sendung. Langsam und aufmerksam raucht sie dabei ihre Zigarette. Dann legt sie diese in den Aschenbecher, der auf der Kredenz steht, geht zur Kommode und nimmt die darauf liegende Fernsehzeitung. Sie geht zurück zum Tisch, legt die Zeitung ab, holt von der Kredenz den Aschenbecher und die brennende Zigarette, nimmt die Handtasche vom Stuhl, stellt sie ins Eck der Kredenz.

Sie setzt sich wieder, blättert in der Fernsehillustrierten und schaut nach, was es an diesem Abend geben wird. Sie zieht zum letzten Mal an der Zigarette und macht sie vorsichtig aus.

Sie steht wieder auf, geht zum Ofen und macht das Gas aus. Sie geht zurück zum Tisch, bleibt stehen und blättert eine Seite der Illustrierten um, zum Radioprogramm. Sie studiert es, geht schließlich zum Fernseher und macht ihn aus. Sie schaut auf ihre Armbanduhr und nimmt sie ab, legt sie zu

den anderen Schmucksachen. Sie nimmt die Illustrierte, schließt sie und legt sie zurück an ihren Platz.
(Anmerkung: In Bayern gibt es am Mittwochabend um 19.15 Uhr die Sendung »Sie wünschen«? mit Fred Rauch, die sich vor allem, wenn sie speziell Unterhaltungsmusik und Schlager bringt [jeweils abwechselnd einmal Schlager und Unterhaltung, einmal Operette, einmal Oper] besonderer Beliebtheit erfreut. Insofern ist es gerechtfertigt, daß Fräulein Rasch ein uninteressantes Fernsehprogramm weniger interessiert als die beliebte Radiosendung. Im außerbayrischen Raum muß eine adäquate Sendung gefunden werden.)
Dann bindet sie sich eine Schürze um, läßt zuerst kaltes Wasser in das Becken und schüttet dann heißes nach. Sie nimmt die zusammengestellten Geschirrstücke von der kleinen Anrichte und wäscht schnell und gekonnt ab.
Anschließend trocknet sie das Geschirr ab und räumt es in die Kredenz. Einen flachen Teller und ein Besteck stellt sie auf den Tisch für das Abendessen. Sie läßt das Wasser aus dem Becken laufen und säubert es dabei sehr genau. Dann wäscht sie sich die Hände und kremt sie ein. Aus dem Eisschrank nimmt sie mehrere Dinge, die sie auf den Tisch stellt. Da sie mittags in der Betriebs-Kantine warm essen kann, wird das Abendessen wenig sein und nur etwas Kaltes.

2. Teil:

Sie geht zum Radio und stellt es an. Dann geht sie zum gedeckten Tisch und setzt sich. Sie streicht sich ein Brot. Mit einer Fingerbewegung macht sie sich klar, daß die etwas vergessen hat.
Sie steht wieder auf und entnimmt dem Kühlschrank eine Flasche Fruchtsaft. Sie holt ein Glas aus der Kredenz, schüttet Fruchtsaft hinein und füllt es mit Wasser auf. Dann stellt sie das Glas zu den anderen Sachen auf den Tisch. Den

Fruchtsaft stellt sie sofort wieder in den Kühlschrank zurück. Dann setzt sie sich und beginnt zu essen.
Sie ißt bedächtig, richtet sich jedes Brot sehr liebevoll, garniert es. Sie hört sichtbar auf das Wunschkonzert und lacht, wenn Fred Rauch einen Spaß macht. Mit kleinen Schlucken trinkt sie den Fruchtsaft.
Nach dem Essen legt sie die Sachen säuberlich zusammen, packt Butter und Wurst wieder zusammen, schließt die Gläser mit den Zutaten. Dann zündet sie sich eine Zigarette an und raucht diese, ohne etwas anderes zu tun, ganz aus.
Dann steht sie auf, räumt den Tisch ab, stellt alles wieder an den angestammten Platz zurück. Das Geschirr, einen Teller, eine Gabel und ein Messer stellt sie auf die Anrichte.
Sie verläßt das Zimmer und geht auf die Toilette. Es dauert ziemlich lange, bis sie sich den After putzen kann. Auch das geschieht sehr ordentlich und so pedantisch und hygienisch wie nur denkbar. Sie zieht an der Leitung und putzt säuberlich die Muschel mit der danebenstehenden Bürste aus. Sie öffnet das Toilettenfenster einen Spalt.
Sie kommt in ihr Zimmer zurück und wäscht sich die Hände, anschließend geht sie zum Radio und korrigiert eine Tonstörung, die inzwischen eingetreten ist. Sie beschäftigt sich eingehend damit, die optimale Klangschärfe herzustellen.
Sie geht zum Spiegel zurück und besieht sich die Stelle, die sie zu Anfang eingeschmiert hat. Sie fingert daran herum und reibt die Stelle neuerlich mit einer Creme ein.
Dann nimmt sie vom Ofen das restliche Wasser und schüttet es in das Becken. Sie läßt noch etwas kaltes dazu laufen. Sie geht zum Schrank und entnimmt ihm Seidenstrümpfe, die sie in das Becken tut und wäscht.
Sie legt ein Handtuch, das sie von der Stange neben dem Becken weggenommen hat, über die Stuhllehne des zweiten Stuhls und legt die Strümpfe sehr vorsichtig zum Trocknen darüber.
Während sie das Wasser wieder ablaufen läßt, putzt sie das

Becken aus. Dabei macht sie einige Tanzschritte, durch die Musik animiert. Dann verläßt sie das Zimmer, um auf der Toilette das Fenster zu schließen, und kommt zurück.

3. Teil:

Vom großen Schrank nimmt sie einen fast fertigen, selbst zu knüpfenden Teppich herunter. Sie breitet ihn über die Lehne des anderen Stuhls und betrachtet ihn. Sie zupft etwas daran herum. Dann räumt sie den Tisch total ab. Sie stellt den Aschenbecher zurück auf die Kredenz, die Zigaretten und das Feuerzeug stellt sie dazu. Sie trinkt den letzten Schluck Fruchtsaft und stellt das Glas auf die Anrichte.

Dann legt sie den Teppich auf den Tisch. Unter dem Sofa holt sie ein schweres Stück Eisen hervor und legt es so auf den Kopf des Teppichs, daß er nicht mehr rutschen kann. Sie geht wieder zum Schrank und nimmt ein Holzkästchen herunter, stellt es auf den Tisch, dann geht sie zur Kredenz, öffnet eine Schublade und nimmt die Knüpfvorlage heraus. In der anderen Schublade befindet sich die Schere, die sie ebenfalls holt.

Sie richtet sich alles her und schaltet die Stehlampe ein. Sie prüft die Lichtverhältnisse und entschließt sich, auch noch das große Licht einzuschalten. Dazu betätigt sie den Schalter neben der Tür.

Sie setzt sich auf den anderen Stuhl, rückt ihn mehrmals zurecht und beginnt, nachdem sie alles geordnet hat, aus dem Kästchen die Wolle und die Nadeln zu nehmen.

Sie schaut die Vorlage genau an, breitet sie aber nicht voll aus, zählt die Knoten ab, fädelt ein, richtet sich alle Nadeln her und beginnt zu knüpfen.

Sie arbeitet sehr sorgfältig, sehr genau und geschickt. Immer dann, wenn sie eine Farbe dem Muster entsprechend ganz geknotet hat, legt sie die Nadel weg und schneidet mit der Schere die Schlaufen auf, dann schneidet sie die Überhänge

weg. (Man besorge sich bei der Inszenierung die genaue Heimarbeiteranleitung für Teppichknüpfen!)
Später steht sie auf und setzt erneut Wasser auf. Danach arbeitet sie weiter. Als das Wasser kocht, entnimmt sie der Kredenz einen Beutel »Fix-Butte« und die Teekanne und richtet sich den Tee. Sie stellt ihn auf die Anrichte, holt eine Tasse und stellt sie daneben. Dann arbeitet sie weiter.
Nach einiger Zeit, wenn der Tee gezogen hat, schenkt sie sich eine Tasse ein, holt Zucker aus der Kredenz, rührt ihn in den Tee und nimmt die Tasse mit zum Tisch. Aus der Kommode holt sie eine Schachtel Kekse, die sie auch auf den Tisch neben den Teppich stellt.
Sie arbeitet weiter, ißt zwei oder drei Kekse, trinkt die Tasse Tee und holt sich eine zweite, wenn die erste leer ist.

4. Teil:

Allmählich beginnt das Interesse an der Arbeit sichtlich abzuflauen. Sie blickt sehr oft auf, sie vergleicht unverhältnismäßig lang die Vorlage und ihre Arbeit. Sie hört auf zu arbeiten, holt sich die Zigaretten, das Feuerzeug und den Aschenbecher von der Kredenz, stellt die Dinge auf den Tisch. Sie setzt sich und raucht, ohne zu arbeiten, eine Zigarette.
Sie wirkt jetzt müde, abgespannt und irritiert. Sie steht auf, nimmt die Armbanduhr aus der Schale, schaut, wie spät es ist. Sie geht zum Radio und stellt es etwas leiser. Dann setzt sie sich wieder und arbeitet weiter, langsamer, aber immer noch geschickt. Sie steht wieder auf, nimmt die Teetasse, die leer ist, stellt sie auf die Anrichte. Sie läßt Wasser in die Teekanne laufen, spült sie, wirft den gebrauchten Teebeutel in den Abfalleimer unter der Anrichte.
Sie holt den Aschenbecher, leert ihn in den Eimer, wischt ihn mit einem Tuch aus und stellt ihn auf die Kredenz. Dann

geht sie zum Spiegel und betrachtet sich darin. Sie scheint mit sich zufrieden zu sein.
Sie geht wieder zum Tisch und setzt sich. Sie betrachtet genau die Vorlage, zählt ab und arbeitet dann sehr korrekt und schnell weiter, so lange, bis der Teppich fertig ist. An nichts ist zu erkennen, daß der Teppich fertig ist, wenn er fertig ist. Sie schließt die Nadeln in dem Kästchen ein, legt die Vorlage zusammen, legt die Schere dazu, dann steht sie auf und betrachtet den Teppich von weitem. (Zu einem Wandteppich von etwa 45 mal 70 cm braucht man bei täglich einer Stunde Arbeit ca. 1½ bis 2 Monate.) Sie lächelt, nimmt den Teppich und breitet ihn über der Längstseite des Sofas an der Wand provisorisch aus. Sie geht möglichst weit weg und betrachtet lang und kritisch ihr Werk. Sie ist zufrieden.
Liebevoll nimmt sie den Teppich und legt ihn auf den anderen Stuhl, ohne ihn zusammenzufalten.
Dann beginnt sie mit dem Aufräumen der Dinge auf dem Tisch, sie tut sie in der gleichen Reihenfolge zurück, wie sie sie geholt hat.
Wenn sie damit fertig ist, betrachtet sie wieder sehr ausführlich und erfreut den fertigen Wandteppich und zupft noch einmal daran. Allerdings macht das Zupfen nur, daß sie fast ängstlich schaut, ob sie auch nichts verdorben hat.

5. Teil:

Fred Rauch verabschiedet sich, die Sendung ist zu Ende. Deutlich erkennt man, daß Fräulein Rasch mitdenkt. Sie schaltet, noch bevor eine neue Sendung angesagt wird, das Radio aus.
Sie geht zum Fenster und öffnet wieder vorsichtig den Store, dann blickt sie zum Fenster hinaus. Schließlich schließt sie es und zieht auch die Vorhänge so korrekt zu, daß niemand mehr hereinschauen kann.
Schließlich richtet sie noch für den nächsten Tag den Tisch

zum Frühstück her. Am Eierbecher etc. kann man erkennen, daß sie sich zum Frühstück Zeit lassen wird.
Dann macht sie aus der Couch ein Bett. (Am besten eine Klappcouch mit dem Bettzeug in dem Kasten darunter.)
Das Ritual der Körperpflege beginnt. Diese reicht vom Aufwickeln der Haare bis zur Fußpflege, vom Intimspray bis zum Zähneputzen. Alles das wird unheimlich gründlich gemacht.
Die abgelegte Wäsche unterzieht Fräulein Rasch einer genauen Kontrolle. Sie beschließt, die Unterhose zur schmutzigen Wäsche in einen Wäschesack im Schrank zu legen und für den nächsten Morgen eine frische herauszunehmen. Auch ein anderes Kostüm sucht sie sich für den nächsten Tag aus. Alles wird säuberlich an der Außenwand des Schrankes aufgehängt, die persönlichen Kleidungsstücke werden auf die freie Sitzfläche des Stuhles gelegt. Alle abgelegten Sachen tut sie zurück in den Schrank, um sie wieder ausgehängt benutzen zu können.
Dann holt sie zwischen dem Bettzeug ein warmes, hübsches Nachthemd hervor und zieht es an. Darüber einen Morgenmantel. Dann geht sie auf die Toilette. Diesmal muß sie nur urinieren, trotzdem trocknet sie sich säuberlich mit Klopapier den Schoß und öffnet wieder das Fenster einen Spalt. Sie kommt zurück, wäscht sich nochmals die Hände.
Dann beginnt der Kontrollgang: sie sperrt die Zimmertür doppelt ab, schaut genau, ob das Gas abgeschaltet ist, ob der Abfalleimer geschlossen ist, ob das Wasser nicht tropft. Dann öffnet sie mit viel Sorgfalt wieder das Fenster, braucht lange, bis es im gewünschten Öffnungswinkel steht und Luft herein kann, obwohl sie den Vorhang wieder zuzieht.
Dann richtet sie sich ihr provisorisches Nachtkästchen. Ein mit Stoff ganz überzogener Hocker wird aus der Ecke der Stirnseite der Couch neben das Bett gerückt.
Darauf befindet sich ein Wecker, ein Buch, ein leeres Glas und der »Stern«.

Sie nimmt das leere Glas, spült es aus, füllt es mit frischem Wasser und stellt das Glas wieder an seinen Platz.
Dann setzt sie sich auf die Bettkante, nimmt den Wecker zieht ihn auf und stellt ihn auf sechs Uhr. Sie probiert, ob er funktioniert und stellt ihn dann befriedigt hin.
Es dauert nicht lange und sie steht wieder auf. Sie schaltet das große Licht aus, überschaut noch einmal den Herd, zieht den Bademantel aus, legt ihn über das Fußende des Bettes. Dann legt sie sich ins Bett. Sie ist dabei sehr vorsichtig und liegt nicht bequem, denn die Lockenwickler müssen ja berücksichtigt werden.
Sie nimmt das Buch zur Hand, sucht das Lesezeichen, findet es, liest aber nicht, sondern starrt vor sich hin. Das dauert ziemlich lange. Dann legt sie das Buch weg, blickt noch einmal im Zimmer umher und löscht das Licht.
Zuerst liegt sie ganz ruhig, dann dreht sie sich vorsichtig um, wegen der Lockenwickler, und versucht zu schlafen.
Schließlich macht sie eine äußerst unruhige Bewegung im Bett und schaltet dann das Licht an. Sie steht auf, zieht wieder den Morgenmantel an, sperrt ihre Türe auf und geht zur Toilette. Das alles äußerst leise. In der Toilette schließt sie das Fenster. Sie geht zurück in ihr Zimmer, schließt die Tür hinter sich ab, wäscht sich die Hände, trocknet sie ab. Dann geht sie zum Teppich, schaut ihn sich wieder an.
Einige Momente später geht sie zur Kredenz, öffnet den oberen Teil und entnimmt ihm eine Schachtel Tabletten. Sie geht damit zum Tisch, legt sie hin, nimmt von dem Hocker das Glas Wasser, stellt es daneben. Sie setzt sich vorsichtig auf den Stuhl mit den Strümpfen, ohne sich anzulehnen, um diese nicht zu verderben. Sie nimmt eine Tablette heraus, nimmt sie mit einem Schluck Wasser. Sie nimmt aus der Schachtel die Gebrauchsanweisung heraus und liest sie durch.
Sie öffnet das Röllchen wieder, läßt alle Tabletten herauskullern und zählt sie in Zweiherreihen ab, es sind noch 9 Stück einer 20iger Packung. Sie nimmt langsam eine nach

der anderen, bis das Wasser, das sie jeweils in kleinen Schlückchen dazu trinkt, alle ist. Sie steht auf, will zum Bekken, hält inne, geht zum Kühlschrank, entnimmt ihm eine halbvolle Piccoloflasche Sekt, geht wieder zum Tisch, öffnet das Fläschchen, schüttet ein wenig in das Glas, nimmt die restlichen Tabletten. Dann wartet sie einige Zeit.
Sie gießt den restlichen Sekt in das Glas, er sprudelt über und rinnt auf die Tischdecke. Sie hebt das Glas hoch und putzt mit dem Ärmel des Bademantels den Fleck weg, sie nippt am Sekt.
Dann wartet sie ruhig und bedächtig, aber auf ihrem Gesicht ist plötzlich Interesse festzustellen.
Pause, dann *Ende*.

Von Franz Kroetz erschien im Suhrkamp Verlag

Heimarbeit · Hartnäckig · Männersache
Drei Stücke

edition suhrkamp 473

Theaterstücke in der edition suhrkamp

Beckett, Fin de Partie · Endspiel 96
Beckett, Warten auf Godot 3
Bernhard, Ein Fest für Boris 440
Bond, Gerettet 461
Bond, Schmaler Weg in den tiefen Norden 350
Brecht, Aufstieg und Fall der Stadt Mahagonny 21
Brecht, Baal · Drei Fassungen 170
Brecht, Der aufhaltsame Aufstieg des Arturo Ui 144
Brecht, Der Brotladen · Stückfragment 339
Brecht, Der gute Mensch von Sezuan 73
Brecht, Der kaukasische Kreidekreis 31
Brecht, Die Dreigroschenoper 229
Brecht, Die Gesichte der Simone Machard 369
Brecht, Die heilige Johanna der Schlachthöfe 113
Brecht, Die Maßnahme 415
Brecht, Die Tage der Commune 169
Brecht, Furcht und Elend des Dritten Reiches 392
Brecht, Herr Puntila und sein Knecht Matti 105
Brecht, Leben des Galilei 1
Brecht, Mann ist Mann 259
Brecht, Mutter Courage und ihre Kinder 49
Brecht, Schweyk im zweiten Weltkrieg 132
Dorst, Toller 294
Eliot, Der Familientag 152
Eliot, Ein verdienter Staatsmann 69
Eliot, Mord im Dom 8
Fassbinder, Antiteater 560
Frisch, Biedermann und die Brandstifter 41
Frisch, Die Chinesische Mauer 65
Frisch, Don Juan oder Die Liebe zur Geometrie 4
Frisch, Frühe Stücke · Santa Cruz · Nun singen sie wieder 154
Frisch, Graf Öderland 32
Hacks, Der Frieden · Die Kindsmörderin 47
Handke, Kaspar 322

Handke, Publikumsbeschimpfung und andere Sprechstücke 177
Handke, Der Ritt über den Bodensee 509
Hildesheimer, Die Verspätung 13
Hildesheimer, Nachtstück 23
Kipphardt, In der Sache J. Robert Oppenheimer 64
Kroetz, Heimarbeit · Hartnäckig · Männersache 473
Kroetz, Stallerhof · Geisterbahn · Lieber Fritz · Wunschkonzert 586
Lange, Der Hundsprozeß · Herakles 260
Lange, Die Gräfin von Rathenow 360
Lange, Marski 107
Michelsen, Stienz · Lappschiess 39
Mueller, Großer Wolf · Halbdeutsch 382
Obaldia, Wind in den Zweigen des Sassafras 159
Poss, Zwei Hühner werden geschlachtet 395
Shaw, Cäsar und Cleopatra 102
Shaw, Die heilige Johanna 127
Waldmann, Atlantis 15
Walser, Der Abstecher · Die Zimmerschlacht 205
Walser, Ein Kinderspiel 400
Walser, Überlebensgroß Herr Krott 55
Weiss, Die Verfolgung und Ermordung Jean Paul Marats 68
Wesker, Die Freunde 420
Wesker, Die Trilogie 215
Wesker, Die Küche 542
Wünsche, Der Unbelehrbare und andere Stücke 56
Wünsche, Jerusalem Jerusalem 183

267 Marcel Proust, Eine Liebe zu Swann
269 H. C. Artmann, Von denen Husaren
270 Hans Erich Nossack, Dem unbekannten Sieger. *Roman*
271 Jean-Pierre Jouve, Paulina 1880. *Roman*
272 Thomas Bernhard, Midland in Stilfs. *Erzählungen*
273 Yasushi Inoue, Der Stierkampf. *Roman*
274 Juri Kasakow, Larifari. *Erzählungen*
275 Robert Minder, Wozu Literatur? *Reden und Essays*
276 Nelly Sachs, Verzauberung. *Szenische Dichtungen*
277 Samuel Beckett, Premier amour. Erste Liebe
278 Gertrude Stein, Erzählen. *Vier Reden*
279 Ezra Pound, Wort und Weise – motz el son. *Essays*
280 James Joyce, Briefe an Nora
281 Wolfgang Hildesheimer, Zeiten in Cornwall
282 Andrej Platanov, Die Baugrube. *Erzählung*
283 Jaroslav Hašek, Partei des maßvollen Fortschritts. *Satiren*
284 Hans Mayer,Brecht in der Geschichte. *Drei Versuche*
285 Ödön von Horváth, Von Spießern, Kleinbürgern und Angestellten
286 André Maurois, Auf den Spuren von Marcel Proust
287 Bertolt Brecht, Über Klassiker. *Betrachungen*
288 Jiří Kolář, Das sprechende Bild
289 Alfred Döblin, Die beiden Freundinnen und ihr Giftmord
290 Alexander Block, Der Sturz des Zarenreichs
292 Ludwig Hohl, Nächtlicher Weg. *Erzählungen*
293 Djuna Barnes, Nachtgewächs. *Roman*
294 Paul Valéry, Windstriche
295 Bernard Shaw, Die heilige Johanna
296 Hermann Kasack, Die Stadt hinter dem Strom
297 Peter Weiss, Hölderlin. *Stück in zwei Akten*
298 Henri Michaux, Turbulenz im Unendlichen
299 Boris Pasternak, Initialen der Leidenschaft. *Gedichte*
300 Hermann Hesse, Mein Glaube. *Eine Dokumentation*
301 Italo Svevo, Ein Mann wird älter
302 Siegfried Kracauer, Über die Freundschaft. *Essay*
303 Samuel Beckett, Le dépeupleur. Der Verwaiser
305 Ramón José Sender, Der König und die Königin
306 Hermann Broch, James Joyce und die Gegenwart. *Essay*
307 Sigmund Freud, Briefe

309 Bernard Shaw, Handbuch des Revolutionärs
310 Adolf Nowaczyński, Der schwarze Kauz
311 Donald Barthelme, City Life
312 Günter Eich, Gesammelte Maulwürfe
313 James Joyce, Kritische Schriften
314 Oscar Wilde, Das Bildnis des Dorian Gray
315 Tschingis Aitmatow, Dshamilja
316 Ödön von Horváth, Kasimir und Karoline
317 Thomas Bernhard, Der Ignorant und der Wahnsinnige
318 Princesse Bibesco, Begegnungen mit Marcel Proust
319 John Millington Synge, Die Aran-Inseln
320 Bernard Shaw, Der Aufstand gegen die Ehe
321 Henry James, Die Tortur
322 Edward Bond, Lear
323 Ludwig Hohl, Vom Erreichbaren und vom Unerreichbaren
324 Alexander Solschenizyn, Matrjonas Hof
325 Jerzy Andrzejewski, Appellation
326 Pio Baroja, Shanti Andía, der Ruhelose
327 Samuel Beckett, Mercier und Camier
328 Mircea Eliade, Auf der Mântuleasa-Straße
329 Hermann Hesse, Kurgast
330 Peter Szondi, Celan-Studien
331 Hans Erich Nossack, Spätestens im November
332 Wenjamin Alexandrowitsch Kawerin, Das Ende einer Bande
333 Gershom Scholem, Judaica 3
334 Ricarda Huch, Michael Bakunin und die Anarchie
335 Bertolt Brecht, Svendborger Gedichte
336 Francis Ponge, Im Namen der Dinge
337 Bernard Shaw, Wagner-Brevier
338 James Joyce, Stephen der Held
340 Hermann Broch, Barbara
341 Nathalie Sarraute, Tropismen
342 Hermann Hesse, Stufen
343 Rainer Maria Rilke, Malte Laurids Brigge
344 Hermann Hesse, Glück
345 Peter Huchel, Gedichte
346 Adolf Portman, V.om Lebendigen
347 Ingeborg Bachmann, Gier
348 Knut Hamsun, Mysterien
349 Boris Pasternak, Schwarzer Pokal
350 James Joyce, Ein Porträt des Künstlers
353 Hermann Hesse, Eigensinn

464 Michael Kidron, Rüstung und wirtschaftliches Wachstum. Ein Essay über den westlichen Kapitalismus nach 1945
465 Bertolt Brecht, Über Politik auf dem Theater
466 Dietlind Eckensberger, Sozialisationsbedingungen der öffentlichen Erziehung
467 Doris von Freyberg / Thomas von Freyberg, Zur Kritik der Sexualerziehung
468 Walter Benjamin, Drei Hörmodelle
469 Theodor W. Adorno, Kritik. Kleine Schriften zur Gesellschaft
470 Gert Loschütz, Gegenstände. *Gedichte und Prosa*
472 Wlodzimierz Brus, Funktionsprobleme der sozialistischen Wirtschaft
473 Franz Xaver Kroetz, Heimarbeit / Hartnäckig / Männersache. *Drei Stücke*
474 Vlado Kristl, Sekundenfilme
476 Neues Hörspiel. Essays, Analysen, Gespräche. Herausgegeben von Klaus Schöning
477 Tom Hayden, Der Prozeß von Chicago
478 Kritische Friedensforschung. Herausgegeben von Dieter Senghaas
479 Erika Runge, Reise nach Rostock, DDR
480 Joachim Hirsch / Stephan Leibfried, Materialien zur Wissenschafts- und Bildungspolitik
481 Jürgen Habermas, Zur Logik der Sozialwissenschaften. Materialien
482 Noam Chomsky, Die Verantwortlichkeit der Intellektuellen
483 Hellmut Becker, Bildungsforschung und Bildungsplanung
484 Heine Schoof, Erklärung
485 Bertolt Brecht, Über Realismus
487 Eberhard Schmidt, Ordnungsfaktor oder Gegenmacht. Die politische Rolle der Gewerkschaften
488 Über Wolfgang Hildesheimer. Herausgegeben von Dierk Rodewald
489 Hans Günter Michelsen, Drei Hörspiele
490 Bertolt Brecht, Trommeln in der Nacht. *Komödie*
491 Eva Hesse, Beckett. Eliot. Pound. *Drei Textanalysen*
492 Gunnar Myrdal, Aufsätze und Reden
494 Orlando Araujo, Venezuela
495 Über Paul Celan. Herausgegeben von Dietlind Meinecke
496 Walter Schäfer / Wolfgang Edelstein / Gerold Becker, Probleme der Schule im gesellschaftlichen Wandel. Das Beispiel Odenwaldschule
497 David Cooper, Psychiatrie und Anti-Psychiatrie

498 Dieter Senghaas, Rüstung und Militarismus
499 Ronald D. Laing / H. Phillipson / R. A. Lee, Interpersonelle Wahrnehmung
502 Wolfgang Emmerich, Zur Kritik der Volkstumsideologie
503 Anouar Abdel-Malek, Ägypten: Militärgesellschaft. Das Armeeregime, die Linke und der soziale Wandel unter Nasser
504 G. F. Jonke, Glashausbesichtigung
506 Heberto Padilla, Außerhalb des Spiels. *Gedichte*
507 Manuela du Bois-Reymond, Strategien kompensatorischer Erziehung
508 Gunnar Myrdal, Objektivität in der Sozialforschung
509 Peter Handke, Der Ritt über den Bodensee
510 Dieter Henrich, Hegel im Kontext
511 Lehrlingsprotokolle. Herausgegeben von Klaus Tscheliesnig. Vorwort von Günter Wallraff
512 Ror Wolf, mein famili. Mit Collagen des Autors
513 Wolfgang Fritz Haug, Kritik der Warenästhetik
514 Gefesselte Jugend. Fürsorgeerziehung im Kapitalismus
515 Fritz J. Raddatz, Verwerfungen
516 Wolfgang Lefèvre, Zum historischen Charakter und zur historischen Funktion der Methode bürgerlicher Soziologie
517 Bertolt Brecht, Die Mutter. Regiebuch der Schaubühnen-Inszenierung. Herausgegeben von Volker Canaris
518 Über Peter Handke. Herausgegeben von Michael Scharang
519 Ulrich Oevermann, Sprache und soziale Herkunft
520 Melchior Schedler, Kindertheater
521 Ernest Mandel, Der Spätkapitalismus
522 Urs Jaeggi, Literatur und Politik
523 Ulrich Rödel, Forschungsprioritäten und technologische Entwicklung
524 Melanie Jaric, Geh mir aus der Sonne. *Prosa*
525 Peter Bürger, Studien zur französischen Frühaufklärung
526 Herbert Brödl, fingerabdrücke. Schrottplatztexte
527 Über Karl Krolow. Herausgegeben von Walter Helmut Fritz
528 Ursula Schumm-Garling, Herrschaft in der industriellen Arbeitsorganisation
530 Eduard Parow, Psychotisches Verhalten
531 Dieter Kühn, Grenzen des Widerstands
533 Materialien zu Ödön von Horváths ›Geschichten aus dem Wienerwald‹
534 Ernst Bloch, Vom Hasard zur Katastrophe. Politische Aufsätze 1934–1939
535 Heinz-Joachim Heydorn, Zu einer Neufassung des Bildungsbegriffs
536 Brigitte Eckstein, Hochschuldidaktik
537 Franco Basaglia, Die abweichende Mehrheit

539 Gastarbeiter. Herausgegeben von Ernst Klee
540 Thomas Krämer-Badoni / Herbert Grymer / Marianne Rodenstein, Zur sozio-ökonomischen Bedeutung des Automobils
541 Über H. C. Artmann. Herausgegeben von Gerald Bisinger
542 Arnold Wesker, Die Küche
543 Detlef Kantowsky, Indien
544 Peter Hacks, Das Poetische
546 Frauen gegen den § 218. 18 Protokolle, aufgezeichnet von Alice Schwarzer
547 Włodzimierz Brus, Wirtschaftsplanung. Für ein Konzept der politischen Ökonomie
548 Otto Kirchheimer, Funktion des Staats und der Verfassung
549 Claus Offe, Strukturprobleme des kapitalistischen Staates
550 Manfred Clemenz, Zur Entstehung des Faschismus
551 Herbert Achternbusch, L'Etat c'est moi
552 Über Jürgen Becker
553 Hans Magnus Enzensberger, Das Verhör von Habana
555 Alfred Sohn-Rethel, Geistige und körperliche Arbeit
556 Becker / Jungblut, Strategien der Bildungsproduktion
557 Karsten Witte, Theorie des Kinos
558 Herbert Brödl, Der kluge Waffenfabrikant und die dummen Revolutionäre
559 Über Ror Wolf. Herausgegeben von Lothar Baier
560 Rainer Werner Fassbinder, Antiteater 2
561 Horvat, Jugosl. Gesellschaft
562 Margaret Wirth, Kapitalismustheorie in der DDR
563 Imperialismus und strukturelle Gewalt. Herausgegeben von Dieter Senghaas
565 Agnes Heller, Hypothese zu einer marxistischen Werttheorie
566/67 William Hinton, Fanshen
568 Henri Lefebvre, Soziologie nach Marx
569 Imanuel Geiss, Geschichte und Geschichtswissenschaft
570 Werner Hecht, Sieben Studien über Brecht
571 Materialien zu Hermann Brochs »Die Schlafwandler«
572 Alfred Lorenzer, Gegenstand der Psychoanalyse
573 Friedhelm Nyssen u. a., Polytechnik in der Bundesrepublik Deutschland
575 Determinanten der westdeutschen Restauration 1945–1949
576 Sylvia Streeck, Wolfgang Streeck, Parteiensystem und Status quo
577 Prosper Lissagaray, Geschichte der Commune von 1871
580 Dorothea Röhr, Prostitution
581 GiselaBrandt,JohannaKootz,GiselaSteppke,FrauenfrageimSpätkapitalismus

582 Jurij M. Lotmann, Struktur d. künstl. Textes
583 Gerd Loschütz, Sofern die Verhältnisse es zulassen
584 Über Ödön von Horváth
585 Ernst Bloch, Das antizipierende Bewußtsein
586 Franz Xaver Kroetz, Neue Stücke
587 Johann Most, Kapital und Arbeit. Herausgegeben von Hans Magnus Enzensberger
588 Henryk Grynberg, Der jüdische Krieg
589 Gesellschaftsstrukturen. Herausgegeben von Oskar Negt und Klaus Meschkat
590 Theodor W. Adorno, Zur Metakritik der Erkenntnistheorie
591 Herbert Marcuse, Konterrevolution und Revolte
592 Autonomie der Kunst
593 Probleme der internationalen Beziehungen. Herausgegeben von Ekkehart Krippendorf
594 Materialien zum Leben und Schreiben der Marieluise Fleißer
597 Rüdiger Bubner, Dialektik und Wissenschaft
598 Technologie und Kapital. Herausgegeben von Richard Vahrenkamp
599 Karl Otto Hondrich, Theorie der Herrschaft
600 Wisława Szymbroska, Salz
602 Armando Córdova, Heterogenität
603 Bertolt Brecht, Der Tui-Roman
606 Henner Hess / Achim Mechler, Ghetto ohne Mauern
607 Wolfgang F. Haug, Bestimmte Negation
608 Hartmut Neuendorff, Der Begriff d. Interesses
610 Tankred Dorst, Eiszeit
611 MaterialienzuHorvaths»KasimirundKaroline«.Herausgegebenvon Traugott Krischke
613 Marguerite Sechehaye, Tagebuch einer Schizophrenen
614 Walter Euchner, Egoismus und Gemeinwohl
619 Manfred Riedel, System und Geschichte
621 Gaston Salvatore, Büchners Tod
622 Gert Ueding, Glanzvolles Elend
623 Jürgen Habermas, Legitimationsprobleme im Spätkapitalismus
624 Heinz Schlaffer, Der Bürger als Held
625 Claudia von Braunmühl, Kalter Krieg und friedliche Koexistenz
626 Ulrich K. Preuß, Legalität und Pluralismus
628 Lutz Winckler, Kulturwarenproduktion
629 Karin Struck, Klassenliebe
631 Bassam Tibi, Militär und Sozialismus in der Dritten Welt
639 Oskar Negt, Alexander Kluge, Öffentlichkeit und Erfahrung

Alphabetisches Verzeichnis der edition suhrkamp

Abdel-Malek, Ägypten 503
Abendroth, Sozialgeschichte 106
Achternbusch, Löwengebrüll 439
Achternbusch, L'Etat c'est moi 551
Adam, Südafrika 343
Adorno, Drei Studien zu Hegel 38
Adorno, Eingriffe 10
Adorno, Impromptus 267
Adorno, Kritik 469
Adorno, Jargon der Eigentlichkeit 91
Adorno, Moments musicaux 54
Adorno, Ohne Leitbild 201
Adorno, Stichworte 347
Adorno, Zur Metakritik der Erkenntnistheorie 590
Über Theodor W. Adorno 429
Aggression und Anpassung 282
Ajgi, Beginn der Lichtung 448
Alff, Der Begriff Faschismus 465
Alfonso, Guatemala 457
Andersch, Die Blindheit 133
Antworten auf H. Marcuse 263
Araujo, Venezuela 494
Architektur als Ideologie 243
Artmann, Frankenstein/Fleiß 320
Über Artmann 541
Aue, Blaiberg 423
Autonomie der Kunst 592
Augstein, Meinungen 214
Baczko, Weltanschauung 306
Baran, Unterdrückung 179
Baran, Zur politisch. Ökonomie 277
Barthelme, Dr. Caligari 371
Barthes, Mythen des Alltags 92
Barthes, Kritik und Wahrheit 218
Barthes, Literatur 303
Basaglia, Die abweichende Mehrheit 537
Basso, Theorie d. polit. Konflikts 308
Baudelaire, Tableaux Parisiens 34
Baumgart, Literatur f. Zeitgen. 186
Becker, H. Bildungsforschung 483
Becker, H. / Jungblut, Strategien der Bildungsproduktion 556
Becker, Felder 61
Becker, Ränder 351
Über Jürgen Becker 552
Beckett, Aus einem Werk 145
Beckett, Fin de partie · Endspiel 96
Materialien zum ›Endspiel‹ 286
Beckett, Das letzte Band 389
Beckett, Warten auf Godot 3
Behrens, Gesellschaftausweis 458
Beiträge zur Erkenntnistheorie 349
Benjamin, Hörmodelle 468
Benjamin, Das Kunstwerk 28
Benjamin, Über Kinder 391
Benjamin, Kritik der Gewalt 103
Benjamin, Städtebilder 17
Benjamin, Versuche über Brecht 172
Über Walter Benjamin 250
Bentmann/Müller, Villa 396
Bergmann, Wilde Erdbeeren 79
Bernhard, Amras 142
Bernhard, Fest für Boris 440
Bernhard, Prosa 213
Bernhard, Ungenach 279
Bernhard, Watten 353
Über Thomas Bernhard 401
Bertaux Hölderlin 344
Birnbaum, Die Krise der industriellen Gesellschaft 386
Black Power 438
Bloch, Ch. Die SA 434
Bloch, Avicenna 22
Bloch, Das antizipierende Bewußtsein 585
Bloch, Christian Thomasius 193
Bloch, Durch die Wüste 74
Bloch, Hegel 413
Bloch, Pädagogica 455
Bloch, Tübinger Einleitung I 11
Bloch, Tübinger Einleitung II 58
Bloch, Über Karl Marx 291
Bloch, Vom Hasard zur Katastrophe 534
Bloch, Widerstand und Friede 257
Über Ernst Bloch 251
Block, Ausgewählte Aufsätze 71
Blumenberg, Wende 138
Boavida, Angola 366
Bødker, Zustand Harley 309
Böhme, Soz.- u. Wirtschaftsgesch. 253
Bond, Gerettet. Hochzeit 461
Bond, Schmaler Weg 350
Frauenfrage im Spätkapitalismus 581
Brandys, Granada 167
Braun, Gedichte 397
v. Braunmühl, Kalter Krieg u. friedliche Koexistenz 625

Brecht, Antigone/Materialien 134
Brecht, Arturo Ui 144
Brecht, Ausgewählte Gedichte 86
Brecht, Baal 170
Brecht, Baal der asoziale 248
Brecht, Brotladen 339
Brecht, Der gute Mensch 73
Materialien zu ›Der gute Mensch‹ 247
Brecht, Der Tui-Roman 603
Brecht, Die Dreigroschenoper 229
Brecht, Die heilige Johanna 113
Brecht, Die heilige Johanna / Fragmente und Varianten 427
Brecht, Die Maßnahme 415
Brecht, Die Tage der Commune 169
Brecht, Furcht und Elend 392
Brecht, Gedichte aus Stücken 9
Brecht, Herr Puntila 105
Brecht, Im Dickicht 246
Brecht, Jasager – Neinsager 171
Brecht, Julius Caesar 332
Brecht, Kaukasischer Kreidekreis 31
Materialien zum ›Kreidekreis‹ 155
Brecht, Kuhle Wampe 362
Brecht, Leben des Galilei 1
Materialien zu Brechts ›Galilei‹ 44
Brecht, Leben Eduards II. 245
Brecht, Mahagonny 21
Brecht, Mann ist Mann 259
Brecht, Mutter Courage 49
Materialien zu Brechts ›Courage‹ 50
Materialien zu ›Die Mutter« 305
Brecht, Die Mutter. Regiebuch 517
Brecht, Realismus 485
Brecht, Schauspieler 384
Brecht, Schweyk 132
Brecht, Simone Machard 369
Brecht, Politik 442
Brecht, Theater 377
Brecht, Trommeln in der Nacht 490
Brecht, Über Lyrik 70
Broch, Universitätsreform 301
Materialien zu Hermann Brochs »Die Schlafwandler« 571
Brödl, Der kluge Waffenfabrikant 558
Brödl, fingerabdrücke 526
Brooks, Paradoxie im Gedicht 124
Brudziński, Katzenjammer 162
Brus, Funktionsprobleme 472
Brus, Wirtschaftsplanung 547
Bubner, Dialektik u. Wissenschaft 597
Bürger, Franz. Frühaufklärung 525
Burke, Dichtung 153
Burke, Rhetorik 231
Cabral de Melo Neto, Gedichte 295
Carr, Neue Gesellschaft 281
Celan, Ausgewählte Gedichte 262
Über Paul Celan 495
Chomsky, Verantwortlichkeit 482
Clemenz, Zur Entstehung des Faschismus 550
Cooper, Psychiatrie 497
Córdova/Michelena, Lateinam. 311
Córdova, Heterogenität 602
Cosić, Wie unsere Klaviere 289
Creeley, Gedichte 227
Crnčević, Staatsexamen 192
Crnjanski, Ithaka 208
Dalmas, schreiben 104
Davičo, Gedichte 136
Deutsche und Juden 196
Determinanten der westdeutschen Restauration 1945–1949 575
Di Benedetto, Stille 242
Dobb, Organis. Kapitalismus 166
Dorst, Eiszeit 610
Dorst, Toller 294
du Bois-Reymond, Strategien kompens. Erziehung 507
Dunn, Battersea 254
Duras, Ganze Tage in Bäumen 80
Duras, Hiroshima mon amour 26
Eckensberger, Sozialisationsbedingungen 466
Eckstein, Hochschuldidaktik 536
Eich, Abgelegene Gehöfte 288
Eich, Botschaften des Regens 48
Eich, Mädchen aus Viterbo 60
Eich, Setúbal. Lazertis 5
Eich, Unter Wasser 89
Über Günter Eich 402
Eichenbaum, Aufsätze 119
Eliot, Die Cocktail Party 98
Eliot, Der Familientag 152
Eliot, Mord im Dom 8
Eliot, Staatsmann 69
Eliot, Was ist ein Klassiker? 33
Emmerich, Volkstumsideologie 502
Enzensberger, Blindenschrift 217
Enzensberger, Deutschland 203
Enzensberger, Einzelheiten I 63
Enzensberger, Einzelheiten II 87
Enzensberger, Gedichte 20
Enzensberger, Landessprache 304
Enzensberger, Das Verhör von Habana 553
Über H. M. Enzensberger 403
Eschenburg, Über Autorität 129
Euchner, Egoismus und Gemeinwohl 614

Existentialismus und Marxismus 116
Fanon, Algerische Revolution 337
Fassbinder, Antiteater 443
Fassbinder, Antiteater 2 560
Filho, Corpo vivo 158
Fleischer, Marxismus 323
Fleißer, Materialien 594
Folgen einer Theorie 226
Formalismus 191
Foucault, Psychologie 272
Frauen gegen den § 218 546
Franzen, Aufklärungen 66
Freeman/Cameron/McGhie, Schizophrenie 346
Freyberg, Sexualerziehung 467
Frisch, Ausgewählte Prosa 36
Frisch, Biedermann 41
Frisch, Chinesische Mauer 65
Frisch, Don Juan 4
Frisch, Stücke 154
Frisch, Graf Öderland 32
Frisch, Öffentlichkeit 209
Frisch, Zürich – Transit 161
Über Max Frisch 404
Fromm, Sozialpsychologie 425
Gäng/Reiche, Revolution 228
Gastarbeiter 539
Gefesselte Jugend 514
Geiss, Studien über Geschichte 569
Germanistik 204
Goeschel/Heyer/Schmidbauer, Soziologie d. Polizei 1 380
Goethe, Tasso. Regiebuch 459
Grass, Hochwasser 40
Gravenhorst, Soz. Kontrolle 368
Grote, Alles ist schön 274
Gründgens, Theater 46
Grynberg, Der jüdische Krieg 588
Guérin, Am. Arbeiterbewegung 372
Guérin, Anarchismus 240
Guggenheimer, Alles Theater 150
Haavikko, Jahre 115
Habermas, Logik d. Soz. Wissensch. 481
Habermas, Protestbewegung 354
Habermas, Technik und Wissenschaft 287
Habermas, Legitimationsprobleme im Spätkapitalismus 623
Hacks, Das Poetische 544
Hacks, Stück nach Stücken 122
Hacks, Zwei Bearbeitungen 47
Hamelink, Horror vacui 221
Handke, Die Innenwelt 307
Handke, Kaspar 322
Handke, Publikumsbeschimpfung 177
Handke, Wind und Meer 431
Handke, Ritt üb. d. Bodensee 509
Über Peter Handke 518
Hannover, Rosa Luxemburg 233
Hartig/Kurz, Sprache 453
Haug, Antifaschismus 236
Haug, Kritik d. Warenästhetik 513
Haug, Bestimmte Negation 607
Hayden, Prozeß von Chicago 477
Hecht, Sieben Studien über Brecht 570
Philosophie Hegels 441
Heller, Nietzsche 67
Heller, Studien zur Literatur 42
Heller, Hypothese zu einer marxistischen Werttheorie 565
Henrich, Hegel 510
Herbert, Ein Barbar 1 111
Herbert, Ein Barbar 2 365
Herbert, Gedichte 88
Hess/Mechler, Ghetto ohne Mauern 606
E. Hesse, Beckett. Eliot. Pound 491
Hesse, Geheimnisse 52
Hesse, Späte Prosa 2
Hesse, Tractat vom Steppenwolf 84
Heydorn, Neufassung des Bildungsbegriffs 535
Hildesheimer, Das Opfer Helena 118
Hildesheimer, Interpretationen 297
Hildesheimer, Mozart/Beckett 190
Hildesheimer, Nachtstück 23
Hildesheimer, Walsers Raben 77
Über Wolfgang Hildesheimer 488
Hinton, Fanshen 566/67
Hirsch, Wiss.-tech. Fortschritt 437
Hirsch/Leibfried, Bildungspolitik 480
Hochman/Sonntag, Camilo Torres 363
Hobsbawm, Industrie 1 315
Hobsbawm, Industrie 2 316
Hofmann, Abschied 399
Hofmann, Stalinismus 222
Hofmann, Universität, Ideologie 261
Höllerer, Gedichte 83
Hondrich, Theorie der Herrschaft 599
Horlemann/Gäng, Vietnam 173
Horlemann, Konterrevolution 255
Horn, Dressur oder Erziehung 199
Hortleder, Ingenieur 394
Materialien zu Ödön von Horváth 436
Materialien zu Ödön von Horváths Geschichten aus dem Wienerwald 533
Materialien zu Horváths ›Kasimir und Karoline‹ 611
Über Ödön von Horváth 584
Horvat, Die jugosl. Gesellschaft 561
Hrabal, Die Bafler 180

Hrabal, Tanzstunden 126
Hrabal, Zuglauf überwacht 256
Hüfner, Straßentheater 424
Huffschmid, Politik des Kapitals 313
Huppert, Majakowskij 182
Hyry, Erzählungen 137
Imperialismus und strukturelle Gewalt. Herausgegeben von Dieter Senghaas 563
Institutionen in prim. Gesellsch. 195
Jaeggi, Literatur u. Politik 522
Jakobson, Kindersprache 330
Janker, Aufenthalte 198
Jaric, Geh mir aus der Sonne 524
Jauß, Literaturgeschichte 418
Jedlička, Unterwegs 328
Jensen, Epp 206
Johnson, Das dritte Buch 100
Johnson, Karsch 59
Über Uwe Johnson 405
Jonke, Glashausbesichtigung 504
Jonke, Leuchttürme 452
Joyce, Dubliner Tagebuch 216
Materialien zu Joyces Dubliner 357
Jugendkriminalität 325
Juhász, Gedichte 168
Kalivoda, Marxismus 373
Kantowsky, Indien 543
Kasack, Das unbekannte Ziel 35
Kaschnitz, Beschreibung 188
Kidron, Rüstung und wirtschaftl. Wachstum 464
Kipphardt, Hund des Generals 14
Kipphardt, Joel Brand 139
Kipphardt, Oppenheimer 64
Kipphardt, Die Soldaten 273
Kirchheimer, Polit. Herrschaft 220
Kirchheimer, Politik u. Verfassung 95
Kirchheimer, Funktionen des Staats 548
Kleemann, Studentenopposition 381
Kolko, Besitz und Macht 239
Kovač, Schwester Elida 238
Kracauer, Straßen von Berlin 72
Krämer-Badoni/Grymer/Rodenstein, Bedeutung des Automobils 540
Krasiński, Karren 388
Kritische Friedensforschung 478
Kristl, Sekundenfilme 474
KRIWET, Apollo Amerika 410
Kroetz, Drei Stücke 473
Kroetz, Neue Stücke 586
Krolow, Ausgewählte Gedichte 24
Krolow, Landschaften für mich 146
Krolow, Schattengefecht 78
Über Karl Krolow 527
Kruuse, Oradour 327
Kuckuk, Räterepublik Bremen 367
Kuda, Arbeiterkontrolle 412
Kühn, Grenzen des Widerstands 531
Kühnl/Rilling/Sager, Die NPD 318
Lagercrantz, Nelly Sachs 212
Laing, Phänomenologie 314
Laing/Phillipson/Lee, Interpers. Wahrnehmung 499
Lange, Gräfin 360
Lange, Hundsprozeß/Herakles 260
Lange, Marski 107
Lefebvre, Marxismus 99
Lefebvre, Materialismus 160
Lefebvre, Soziologie nach Marx 568
Lefèvre W. Hist. Charakter bürgerl. Soziologie 516
Lehrlingsprotokolle 511
Leibfried, Angepaßte Universität 265
Lempert, Leistungsprinzip 451
Lenin 383
Lévi-Strauss, Totemismus 128
Liebel/Wellendorf, Schülerselbstbefreiung 336
Linhartová, Diskurs 200
Linhartová, Geschichten 141
Linhartová, Haus weit 416
Lissagaray, Pariser Commune 577
Loewenstein, Antisemitismus 241
Lorenzer, Kritik 393
Lorenzer, Gegenstand der Psychoanalyse 572
Loschütz, Gegenstände 470
Loschütz, Sofern die Verhältnisse es zulassen 583
Lotmann, Struktur des künstlerischen Textes 582
Majakowskij, Verse 62
Malecki, Spielräume 333
Malerba, Schlange 312
Mandel, Marxistische Wirtschaftstheorie Band 1 und 2 595/96
Mandel, Der Spätkapitalismus 521
Mándy, Erzählungen 176
Marcuse, Befreiung 329
Marcuse, Konterrevolution u. Revolte 591
Marcuse, Kultur u. Gesellschaft I 101
Marcuse, Kultur u. Gesellschaft II 135
Marcuse, Theorie d. Gesellschaft 300
Marković, Dialektik der Praxis 285
Marx und die Revolution 430
Mayer, Anmerkungen zu Brecht 143
Mayer, Anmerkungen zu Wagner 189

Mayer, Das Geschehen 342
Mayer, Radikalismus, Sozialismus 310
Mayer, Repräsentant 463
Mayoux, Über Beckett 157
Meier, ›Demokratie‹ 387
Merleau-Ponty, Humanismus I 147
Merleau-Ponty, Humanismus II 148
Michaels, Loszittern 409
Michel, Sprachlose Intelligenz 270
Michelsen, Drei Akte Helm 140
Michelsen, Drei Hörspiele 489
Michelsen, Stienz. Lappschiess 39
Michiels, Das Buch Alpha 121
Michiels, Orchis militaris 364
Minder, ›Hölderlin‹ 275
Kritik der Mitbestimmung 358
Mitscherlich, Krankheit I 164
Mitscherlich, Krankheit II 237
Mitscherlich, Unwirtlichkeit 123
Materialien zu Marieluise Fleißer 594
Moore, Geschichte der Gewalt 187
Moral und Gesellschaft 290
Moser, Repress. Krim.psychiatrie 419
Moser/Künzel, Gespräche mit Eingeschlossenen 375
Most, Kapital und Arbeit 587
Müller, Philoktet. Herakles 5 163
Mueller, Wolf/Halbdeutsch 382
Münchner Räterepublik 178
Mukařovský, Ästhetik 428
Mukařovský, Poetik 230
Myrdal, Aufsätze u. Reden 492
Myrdal, Objektivität 508
Napoleoni, Ökonom. Theorien 244
Nápravnik, Gedichte 376
Negt, Öffentlichkeit und Erfahrung 639
Negt, Gesellschaftsstrukturen 589
Neuendorff, Begriff des Interesses 608
Nezval, Gedichte 235
Neues Hörspiel 476
Nossack, Das Mal u. a. Erzählungen 97
Nossack, Das Testament 117
Nossack, Der Neugierige 45
Nossack, Der Untergang 19
Nossack, Literatur 156
Nossack, Pseudoautobiograph. Glossen 445
Über Hans Erich Nossack 406
Kritik der Notstandsgesetze 321
Nowakowski, Kopf 225
Nyssen, Polytechnik in der BRD 573
Obaldia, Wind in den Zweigen 159
Oevermann, Sprache und soziale Herkunft 519
Oglesby/Shaull, Am. Ideologie 314
Offe, Strukturprobleme 549
Olson, Gedichte 112
Ostaijen, Grotesken 202
Padilla, Außerhalb des Spiels 506
Parow, Psychotisches Verhalten 530
Pavlović, Gedichte 268
Penzoldt, Zugänge 6
Pinget, Monsieur Mortin 185
Plädoyer f. d. Abschaff. d. § 175 175
Ponge, Texte zur Kunst 223
Poss, Zwei Hühner 395
Preuß, Studentenschaft 317
Preuß, Legalität und Pluralismus 626
Price, Ein langes Leben 120
Probleme der intern. Beziehungen 593
Pross, Bildungschancen 319
Pross/Boetticher, Manager 450
Proust, Tage des Lesens 37
Psychoanalyse als Sozialwiss. 454
Queneau, Mein Freund Pierrot 76
Queneau, Zazie in der Metro 29
Raddatz, Verwerfungen 515
Rajewsky, Arbeitskampfrecht 361
Recklinghausen, James Joyce 283
Reinshagen, Doppelkopf. Marilyn Monroe 486
Riedel, Hegels Rechtsphilosophie 355
Riedel, Hegel und Marx 619
Riesman, Freud 110
Rigauer, Sport und Arbeit 348
Ritter, Hegel 114
Rivera, Peru 421
Robinson, Ökonomie 293
Rödel, Forschungsprioritäten 523
Roehler, Ein angeschw. Mann 165
Röhr, Prostitution 580
Romanowiczowa, Der Zug 93
Ronild, Die Körper 462
Rosenberg, Sozialgeschichte 340
Różwicz, Schild a. Spinngeweb 194
Runge, Bottroper Protokolle 271
Runge, Frauen 359
Runge, Reise nach Rostock 479
Russell, Probleme d. Philosophie 207
Russell, Wege zur Freiheit 447
Sachs, Ausgewählte Gedichte 18
Sachs, Das Leiden Israels 51
Salvatore, Büchners Tod 621
Sanguineti, Capriccio italiano 284
Sarduy, Bewegungen 266
Sarraute, Schweigen. Lüge 299
Schäfer/Edelstein/Becker, Probleme der Schule 496
Schäfer/Nedelmann, CDU-Staat 370

Schedler, Kindertheater 520
Schiller/Heyme, Wallenstein 390
Schklowskij, Schriften zum Film 174
Schklowskij, Zoo 130
Schmidt, Ordnungsfaktor 487
Schneider/Kuda, Arbeiterräte 296
Schnurre, Kassiber/Neue Gedichte 94
Schlaffer, Der Bürger als Held 624
Scholem, Judentum 414
Schoof, Erklärung 484
Schram, Die perm. Revolution 151
Schumm-Garling, Herrschaft in der industriellen Arbeitsorganisation 528
Schütze, Rekonstrukt. d. Freiheit 298
Sechehaye, Tagebuch einer Schizophrenen 613
Senghaas, Rüstung und Militarismus 498
Shaw, Caesar und Cleopatra 102
Shaw, Die heilige Johanna 127
Shaw, Der Katechismus 75
Skinas, Fälle 338
Sohn-Rethel, Geistige und körperliche Arbeit 555
Sonnemann, Institutionalismus 280
Sozialwissenschaften 411
Kritik der Soziologie 324
Sternberger, Bürger 224
Kritik der Strafrechtsreform 264
Streeck, Parteiensysteme und Status quo 576
Strindberg, Ein Traumspiel 25
Struck, Klassenliebe 629
Stütz, Berufspädagogik 398
Sweezy, Theor. d. kap. Entwcklg. 433
Sweezy/Huberman, Sozialismus in Kuba 426
Szondi, Hölderlin-Studien 379
Szondi, Theorie des mod. Dramas 27
Szymbroska, Salz 600
Tardieu, Museum 131
Technologie und Kapital 598
Teige, Liquidierung 278
Theologie der Revolution 258
Theorie des Kinos 557
Theorie und Praxis des Streiks 385
Tibi, Militär und Sozialismus in der Dritten Welt 631
Kritik der reinen Toleranz 181
Toulmin, Voraussicht 292
Tschech. Schriftstellerkongreß 326
Tumler, Abschied 57
Tumler, Volterra 108
Tynjanow, Literar. Kunstmittel 197
Ueding, Glanzvolles Elend 622
Válek, Gedichte 334
Verhinderte Demokratie 302
Vossler, Revolution von 1948 210
Vranicki, Mensch und Geschichte 356
Vyskočil, Knochen 211
Waldmann, Atlantis 15
Walser, Abstecher, Zimmerschl. 205
Walser, Heimatkunde 269
Walser, Der Schwarze Schwan 90
Walser, Eiche und Angora 16
Walser, Ein Flugzeug 30
Walser, Kinderspiel 400
Walser, Leseerfahrung 109
Walser, Lügengeschichten 81
Walser, Überlebensgroß Krott 55
Über Martin Walser 407
Weiss, Abschied von den Eltern 85
Weiss, Fluchtpunkt 125
Weiss, Gespräch 7
Weiss, Jean Paul Marat 68
Materialien zu ›Marat/Sade‹ 232
Weiss, Nacht/Mockinpott 345
Weiss, Rapporte 276
Weiss, Rapporte 2 444
Weiss, Schatten des Körpers 53
Über Peter Weiss 408
Wekwerth Notate 219
Wellek, Konfrontationen 82
Wellmer, Gesellschaftstheorie 335
Wesker, Die Freunde 420
Wesker, Die Küche 542
Wesker, Trilogie 215
Winckler, Studie 417
Winckler, Kulturwarenproduktion 628
Wirth, Kapitalismustheorie in der DDR 562
Witte, Theorie des Kinos 557
Wispelaere, So hat es begonnen 149
Wittgenstein, Tractatus 12
Über Ludwig Wittgenstein 252
Wolf, Danke schön 331
Wolf, Fortsetzung des Berichts 378
Wolf, mein famili 512
Wolf, Pilzer und Pelzer 234
Über Ror Wolf 559
Wolff, Liberalismus 352
Wosnessenskij, Dreieckige Birne 43
Wünsche, Der Unbelehrbare 56
Wünsche, Jerusalem 183
Zahn, Amerikan. Zeitgenossen 184